PLANTES
À TEINTER

大自然的精神

　　对于我们普罗众生而言，世俗的生活处处显示出作为人的局限，我们无法逃脱不由自主的人类中心论，确实如此。而事实上，人类的历史精彩纷呈，仿佛层层的套娃一般，一个个故事和个体的命运都隐藏在家族传奇或集体的冒险之中，尔后，又通通被历史统揽。无论悲剧，抑或喜剧，无论庄严高尚、决定命运的大事，抑或无足轻重的琐碎小事，所有的生命相遇交叠，共同编织"人类群星闪耀时"的锦缎，绘就丰富、绚丽的人类史画卷。

　　当然，这一切都植根于大自然之中，人类也是自然中不可或缺的一部分。因此，每当我们提及"自然"，就"自然而然"地要谈论人类与植物、动物以及环境的关系。在这个意义上说，最微小的昆虫也值得书写它自己的篇章，最不起眼的植物也可以铺陈它那讲不完的故事。因之投以关注，当一回不速之客，闯入它们的世界，俯身细心观察，侧耳倾听，那真是莫大的幸福。对于好奇求知的人来说，每样自然之物就如同一个宝盒，其中隐藏着无穷的宝藏。打开它，欣赏它，完毕，再小心翼翼地扣上盒盖儿，踮着脚尖，走向下一个宝盒。

　　"植物文化"系列正是因此而生，冀与所有乐于学习新知的朋友们共享智识的盛宴。

塞尔日·沙

染色植物

PLANTES À TEINTER

［法］尚黛尔·德尔芬

埃里克·吉东 著

———

林 苑 译

生活·讀書·新知三联书店

目 录

序 言

色彩写就的生活

"色彩就是生活"这可是旧日的一句广告词呢！粗略地搜索一下，几乎就可以肯定它曾经被使用过。对我们而言，生活皆在色彩中展开，理所当然值得我们费一番笔墨为此现象写序言。的确，我们试图想以先驱者的摄影或电影流传下来的黑白色调吸引人的注意力，因为除却了色彩，可以更好地表现过去，可以令人怀揣梦想，可以赋予画面科幻的意味，但在现实生活中，我们每一日的生活，确实充满了色彩。

色彩就是生活，也许史前人类在专心致志地往洞窟石壁上画画时，嘴里哼的就是这句话，当然使用的是他们自己的语言。从那时候起，人们就没有停止过把自然赐予的转瞬即逝的颜色重现在各种物件上。将生活的片段和生动的微妙差异化作永远，这难道不正是我们追寻色彩的目的吗？发掘身边环境中所有的资源，尝试以一切矿物、动物或植物身上的物质来丰富自己的调色板，这是一件多么令人着迷的事啊！

染料资源何其多，植物当为首选。红花出产红色，这没什么了不起，但是当一棵开出黄色花朵的植物带来蓝色，这就神秘多了。而当我们在路边某棵毫不起眼的小草中找到染料，在深埋于泥土中的植物根里提取出明亮的颜色时，那就堪称神奇了。不难理解为什么最早的染色工匠被视为魔鬼，而向来仁慈的教会还禁止过人们将颜色混合的做法。也不难想象颜色，尤其是衣服上的某种颜色，很快地成为特定社会阶层的特权。曾几何时，不该穿红色的人穿了红衣，那是要掉脑袋的。色彩代表着一种社会的象征或通俗易懂的语言，于是它们被赋予了许多普世的意义或文化内涵。是的，色彩就是生活，多么显而易见。

纵观人类历史上重大的制造业和工业事件，我们看到的不仅是国家、地区命运的波澜起伏，不仅是这些地方存在之前就已有的文化，还有染色工匠不无痛苦的个人故事。植物的世界，这里说的是染色植物的世界，远没有我们想象中那么安定与平和。色彩让人眼红，曾引发过竞争、冲突、争斗甚至战争、金融泡沫、殖民和奴役。为了探索色彩的秘密，献给世界一片缤纷，多少人失去了性命。

这些染色植物最终被工业革命和化学时代挤出了历史舞台。今天，它们化身为可亲的环保代言人，成为可持续发展的配角，总算找到一扇半开的小门重返舞台。亲眼看着植物在一块布匹上贡献出色彩，那种奇妙的感觉，大概就像孩子在大自然中找到了宝贝一样新奇。那么，不要再等了，就让这本书带您去看一场璀璨的烟花吧，奇思妙想、奇闻趣事、知识学问将在烟火中迸发。睁大您的眼睛，眼前会是色彩斑斓。

尚黛尔·德尔芬

染色的历史

染色工艺简史

新石器时代的潮流

　　说来话长，早在史前时期，人类便在自然环境中找到了用以着色的材料，它们或是矿石（赭石），或是植物。人们将这些着色颜料用在身体彩绘和洞窟壁画上。后来，男人、女人们想给他们的皮衣和织物也来点颜色，这一点在新石器时代就有踪迹可循。那时候，随着农牧业的出现，人类步入了定居生活，开始用植物或动物纤维进行纺织。在瑞士和法国，若干处考古遗址尤其是湖边定居点的遗址出土的一些物件，证明了纺织已经是当时人们生活中的重要活动。人们在出土文物里发现了一些植物的蛛丝马迹，而这些植物唯一为世人所熟知的用途就是染色：大量的茜草花粉、黄木樨草的种子、矮接骨木浆果，所有这些完全不可食用的植物的发现，使得它们被用作染色剂的推测愈加合情合理。红、黄、蓝、紫，引领着公元前5000年的潮流。

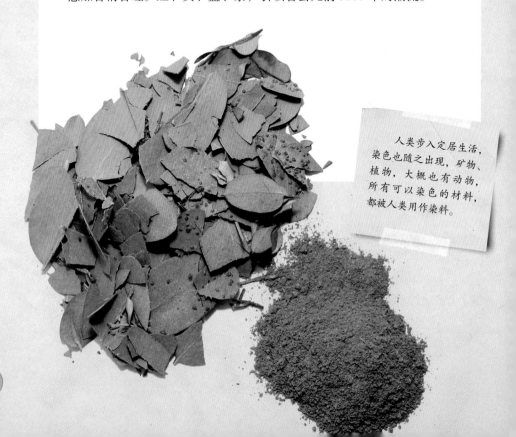

人类步入定居生活，染色也随之出现，矿物、植物，大概也有动物，所有可以染色的材料，都被人类用作染料。

上古中国

约公元前 3200 年，美索不达米亚出现了文字。在这些最早的文字里，就已经有了关于染色工艺的记载。在亚洲，中国人很早就表现出掌握化学之染色工艺的能力。这方面最早的记录可上溯至公元前 3000 年，这一时期，他们发现了铁盐、铜和铅，开始制墨。也是在这同一时期，中国相继涌现出了几位兴农、重手工业的君主（大约指传说中的三皇五帝。——译注）。养蚕术初现，继而又有了织丝染丝的作坊，专为王室提供最精美的丝绸织物，用于制作衣物、窗帘与华盖。中国最早的史书《尚书》中描绘了上古时代人们献给帝王的红色和黑色的服饰。一些年代不那么久远的著作，详细地记录了当时所运用的技术手法，以鼠李、蓼蓝、红花最为多见。按照这些书里的说法，中国人早在公元前就发明了某些染色工艺。而一直到 15 世纪至 18 世纪，这些工艺才在欧洲出现。

地中海东岸

公元前 3000 年，地中海东岸地区也经历了至关重要的技术、文化和商业的飞跃。当时各方面处于领先地位的腓尼基人（古老的民

科技考古

科技考古学兴许可以告诉我们，公元前 5999 年那个春天的流行色应该是黄色。科技考古集结历史学家、生物化学家和化学家，研究纺织品和染色工艺。研究结果表明，在欧洲，人们在公元前 6000 年便已经动手开始染色。

这样的猜测合情合理

"也许是一只果子的颜色，沾染上了第一个攫取它的人的手指或嘴唇；也许是一叶青草掠过某个人的身体，留下了汁液的印记；这可能就是染色最初的由来。"——于贝尔-帕斯卡尔·阿梅隆（1730—1811，法国历史学家）

在丝织与染色方面，中国人很早就掌握了精湛的技艺。

族，生活在地中海东岸，相当于如今的黎巴嫩和叙利亚沿海一带。腓尼基人善于航海和经商。——译注），无论在贸易扩张方面，还是在对漂亮东西欣赏的品位上，都被克里特人（克里特岛，希腊第一大岛，米诺斯文明的中心。——译注）所超越。米诺斯文明（爱琴海地区的古代文明。——译注）延展到了地中海和亚得里亚海地区的每个角落。克里特人带来了许多技术，在他们的贸易区域广泛传播。再之后，亚该亚人、雅利安人、希腊人，还有卷土重来的腓尼基人，他们又摧毁了克里特人的文明，但这些地区早已被克里特文明浸润，其中便有染色工艺。例如从木蓝提取蓝色，从番红花和红花提取黄色，从染色茜草、胭脂虫栎，当然还有从骨螺提取红色。染色工艺至关重要的另外一方面就是，明矾作为媒染剂的使用以及明矾买卖的兴起，直接致使埃及、爱琴海和伊奥利亚诸岛皆大量出产明矾。我们千万不要忘记古埃及人，他们对木乃伊的癖好是尽人皆知的，他们给我们所留下的足够多的小布条和其他古物，都成了他们使用染色茜草、红花和木蓝的证据。

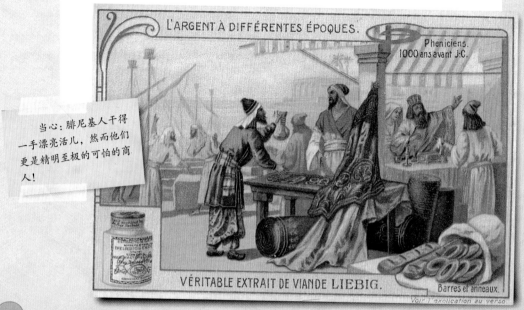

L'ARGENT À DIFFÉRENTES ÉPOQUES.

Pheniciens.
1000 ans avant J.-C.

当心：腓尼基人干得一手漂亮活儿，然而他们更是精明至极的可怕的商人！

VÉRITABLE EXTRAIT DE VIANDE LIEBIG.

Barres et anneaux.

Voir l'explication au verso.

矾石里最不缺的就是媒染剂。

紫红

　　地中海沿岸出土的红色大部分来自螺一类的软体动物。紫红色染料造就了腓尼基人和泰尔城的财富。染色骨螺的好名声在于其色泽的鲜艳和染成色彩的无比牢固。

罗马人的贡献

　　罗马人为众多行业带来了产业化和规范化，手工染色行业也不例外。庞贝的壁画就表现了纺织染色行业不同的行会组织：

　　•*Fullones* 集结的是纺羊毛的人和从事脱色—染色的工人（*fullinicae*）。

　　•从事与色彩相关的人士被统称为 *infectores*，从这一词也不难看出，染色艺术散发的气味大概没有它所呈现的色彩那么讨人喜欢；这一行业由番红花染色工匠（*crocotarii*）、紫红色染色工匠（*purpurarii*）以及其他红色染色工匠（*flammarii*）组成。

　　更为重要的是，罗马帝国制定了西方史上第一批禁奢法，规定或强制人们按照自己所属的社会阶层来穿衣打扮。紫红色被赋予了

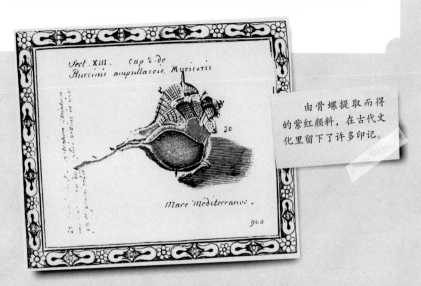

由骨螺提取而得的紫红颜料，在古代文化里留下了许多印记。

权力的颜色（*color officialis*）之地位。与象征帝国权力的颜色相反的是蓝色，即蛮族从菘蓝里提取的 *caeruleus color*（拉丁文，天空的颜色。——译注）。对于胆敢将至高无上的紫红色穿在身上或购买紫红染料的人，尼禄（罗马帝国皇帝，54—68 年在位，通常被列为古罗马的暴君之一。——译注）当局甚至会以死刑或没收财产来惩罚。

邪恶的中世纪

到了中世纪，欧洲继承了地中海文明所有这些染色工艺和技术，但骨螺染色法却失传了。就染色在中世纪社会中的地位，研究色彩的历史学家米歇尔·帕斯图霍描述了几条主线：在这一时期，染色往往被看作某种法术，往好了说，那也是某种诡计。染色工匠通过加工，改变了物的原来面貌，使它有了颜色，但这并不是该物天生的颜色，也就是说，不是造物主想要的颜色。染色技术既引来欲望和赞叹，也撩起人心中的恐惧，很快地，人们就把染色跟魔鬼搭上边儿了。

把不同的颜色混合，那是不允许的。染色这件邪恶的事情可以进行，前提是，每次只能使用一种植物，上天给什么样的，就用什么样的。这就使得染色工匠分了专业，至少是按颜色分。色轮暂时

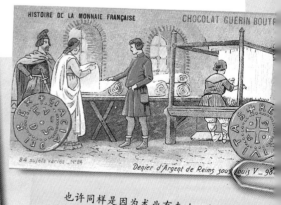

也许同样是因为术业有专攻，中世纪时期的羊毛呢贸易飞速发展，第一个有效的行业组织也在这一时期诞生，染色工匠群体是其中重要的一员。

Flamboient

今天，我们都知道，染色并无任何邪恶之处，但是，我们眼中的染色依然带有点神奇的魔力。

还不为人知，每种颜色也都还是泾渭分明的存在。甚至连杂色也遭人唾弃。杂色是污点，是耻辱，是魔鬼在病体上留下的痕迹。一切有斑点的生物，蛤蟆、黄蜂、蝾螈，人们都避而远之。

调色板

发现美洲之前，欧洲人使用的染色草木种类很有限。从东方或印度舶来的异国物料那不是一般的贵，只留给大人物制作最美的织物。有罗马帝国的禁奢法和至高无上的紫红色在先，中世纪欧洲的

·· "逍遥法外" 的时尚 ··

罗马帝国不复存在，但禁奢法却在接下来基督教盛行的头几个世纪里延续下来，甚至流传得更久远。目标始终不变：为了让社会井然有序，禁止带炫耀性质的奢侈品消费，抑制过度开支，毕竟这一类的投资在某些社会阶层里是毫无产出的；保护地方产业，限制价格不菲的产品进口，以此调节经济；以服饰、织物和允许使用的颜色区分性别、地位和财富，社会等级显而易见。禁奢法跨越了时间，时至今日，尽管它们已不再被写入法律中，却依然以不成文的文化代码的形式存在，或是不得不遵守的"着装标准"，或是作为身份归属的标志，让人孜孜不倦地追寻。

Infectur 这个词在 12 世纪末出现，既指染色也指垃圾。声名本来就不怎么样的染色工匠，实在不需要这样的添油加醋。

领主贵族们对一切由昂贵材料得来的红色情有独钟：胭脂虫栎、巴西红木。但工业的发展总是会让弄潮儿们引领的潮流大众化，茜草这种得来不费功夫的植物作为染料，很快在各地的呢绒制作行业里得以广泛使用。然后，是蓝色时代的到来。圣路易（路易九世，卡佩王朝第九任国王，1226—1270 年在位。——译注）和英格兰的亨利三世（英格兰国王，1216—1272 年在位。——译注）身着蓝色示人，从 12 世纪开始，所有人都开始穿蓝色。

这一潮流在 16 世纪迎来了其鼎盛时期，给菘蓝商人带来了财富，也引发了菘蓝商和茜草商之间的冲突。这种冲突发展到了什么样的地步呢？在产茜草的德国萨克森和图林根地区，茜草商人们花钱找人在彩色玻璃上绘制蓝色的魔鬼，或在马格德堡大教堂的壁画中用蓝色表现地狱。

一直以来为穷人专用的黑色，后来得到有钱人的青睐，他们要用最深、最庄重的黑，制作黑色的呢子。宗教人士、法官和律师以黑衣示人，查理六世 [瓦卢瓦王朝（1328—1589 年间统治法兰西王国的王朝）第四位国王，1380—1422 年在位。——译注] 和菲利普三世（瓦卢瓦王朝的第三代勃艮第公爵，1419—1467 年在位。——译注）先后效仿。经过宗教改革，黑色被视为最威严、最高尚的颜色，作为谦逊和朴素的象征。

后来，圣母也穿上了蓝色的衣裙，在此之前她的着装色彩都相当暗淡。

16世纪的大转折

富裕阶层对彩色布料的需求在 16 世纪迎来了转折性的变化。瓦斯科·达伽马发现了印度，哥伦布发现了美洲，新的染色植物被引进欧洲，其中就有木蓝，它将取代菘蓝而一统蓝色的天下。也是在这时候，即从弗朗索瓦一世（法兰西国王，1515—1547 年在位，重视文艺，是法国历史上最著名也最受爱戴的国王之一。——译注）到亨利四世（法兰西国王，1589—1610 年在位，波旁王朝创建者，人称"贤明王亨利"。——译注）这一时期，通过立法限制人们穿着的色彩及衣物的着色，颁布了十一条法令，随之，劳动者不得着天鹅绒，神职人员及寡妇不得穿戴颜色鲜艳的衣物……

但最终是在路易十四统治的时期，由他的大臣柯尔贝对染色行业的组织运作正式立下法规，《关于羊毛染色和制造以及其中使用的药剂和配料的规定》于 1671 年正式出台。

伴随这套法规一同出现的，是新的职业和一大批被派遣到全国

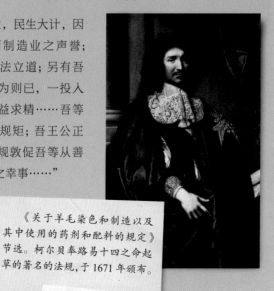

·· 柯尔贝立行规 ··

"染色之业，民生大计，因其关系法兰西制造业之声誉；此规欲为其正法立道；另有吾辈之良心，不为则已，一投入即全身心，精益求精……吾等当喜迎有利之规矩；吾王公正仁慈，今以此规敦促吾等从善弃恶，实乃民之幸事……"

《关于羊毛染色和制造以及其中使用的药剂和配料的规定》节选。柯尔贝奉路易十四之命起草的著名的法规，于 1671 年颁布。

各地监督评判法规执行情况的官员。这套法规有 62 则条款，其中一部分将"大色"（即持久色）和"小色"（即易褪色）作为两个行业分离开来，细则何其多，细致到用什么染剂、走什么工序都写得十分明了。正是这份文件推动了法国染色工业的大飞跃。

此文件目的无非是保证法国制造的质量，促进贸易，也保护消费者，可算得上是第一套符合 ISO 9000 标准的质量认证体系了。

工业和化学时代的到来

18 世纪工业飞速发展，不过既能染色也能加工的工坊少之又少。不管在里昂还是在圣艾蒂安，人们通常在势力强大的代理商处买来毛料，送到染坊里人工去油、染色，再送到毛纱坊纺成线，最后由城里和周边乡村来的工人织成呢子。

染布的机器方面，人们使用滚筒或沥架。1780 年左右，出现了双滚筒的机器，这是今天还在使用的浸轧机的原型。转眼到了 19 世纪，机械化大步前进。最早投身机械化的是英格兰人，不过当时的

几百年过去，什么大染缸，什么工具都已被遗忘，唯有人们的辛勤和汗水被一直铭记。

执政官拿破仑一心想重振法国的制造业，他从英格兰请来了机械师杜格拉斯·科克瑞尔，给工厂安上了弹花机、纺织机，然后是蒸汽动力机。另外一场革命来自化学界，尤其是米歇尔-欧仁·谢弗勒尔（1786—1889）的研究成果。他出生于昂热，在巴黎师从沃克兰 [路易-尼古拉·沃克兰（1763—1829），法国化学家，化学元素铬和铍的发现者。——译注]。在 1807—1813 年间，他先后发表了十一篇关于他成功地分离植物染料的论文涉及木蓝、菘蓝、石蕊、血木、巴西红木，这些论著后来成为欧洲的化学家们极其珍贵的研究基础。他们通过各自的实验把色彩分子合成出来，带来更经济的生产手段，从那时候起，染色植物就只有被发配至手工作坊的份儿了。

Couleurs Immédiates.

33		Jaune Immédiat GG, brev. s. g. d. g.
34		Orangé Immédiat C, brev. s. g. d. g.
35		Cachou Immédiat C, brev. s. g. d. g.
36		Brun noir Immédiat D cone, brev. s. g. d. g.
37		Brun Immédiat BR
38		Olive jaune Immédiat 5G, brev. s. g. d. g.
39		Vert Immédiat GG extra, brev. s. g. d. g.
40		Vert Immédiat brillant G extra, brev. s. g. d. g.

Manufacture Lyonnaise de Matières Colorantes, Lyon.

化学工业交出了漂亮的成绩单，色彩达到了前所未有的丰富和标准化。手工染色风靡的时代过去了。

米歇尔-欧仁·谢弗勒尔

1786 年 8 月 31 日，米歇尔-欧仁·谢弗勒尔在昂热出生。1824 年，他的职业生涯迎来一个重要的转折：他被任命为哥伯林皇家壁毯厂的染料生产主管。他在那里度过了 61 个年头，当了 59 年主管，建立实验室，教授与染色相关的化学知识。于 1839 年在他发表的论文《论色彩的同时对比规律》中他明确地提出并发展了借助色轮发现毗邻色彩造成视觉错觉的理论。他的色彩理论启发了许多画家如修拉、希涅克和毕加索。1889 年 4 月 9 日，谢弗勒尔安详地离世，享年 103 岁。

织染技术

一点染色知识

"化学在艺术的所有应用里，最美丽的，莫过于染色艺术与化学科学定律的结合；甚至可以说，自从化学用它的光辉照亮了工业的这一角，染色才真正配得上艺术之名。"（《染色基础课程》，让 - 巴蒂斯特·维塔利斯，1823）

法语中的染色一词 teindre 来自拉丁语的 *tingere*：用一种带颜色的物质渗入、浸透。染色，是给织物加以颜色的技术，染料被均匀地施加在织物上，以达到色彩一致无差且稳固的效果。另一种定义方式又称，这是一个可溶染剂渗入如织物或木材之类的被染载体、浸染其纤维结构的过程。染料是一个分子，它能和光线互动，并产生彩色的视觉效果。染料主要是对纤维具有化学亲和力或物理化学亲和力的有机化合物。相反地，色素是不可溶解的染料，它们附着于物体的表面，需要与结合剂一起使用才能到达载体内部。

媒染的技术在远古时期便为人类所掌握，而且最早是作为职业秘诀来传授的。

直接染色或间接染色

直接染色是最早运用的手法，因为操作简单，把纤维制品直接投入浸泡或放入煎煮了植物的染汤即可。溶解在汤中的染料会在织物浸泡的过程中附着其上，但并非所有的染料都能直接附着，在随后的植物特写部分会做详解。直接染色尤其适用于纤维素纤维如棉或麻之类的材质，使用无须媒染剂的植物，如红花。

间接染色则需要一个中介，也就是媒染剂。媒染剂会在第一时间附着于纤维之上。接着，轮到染料附着于媒染剂上，形成稳固的组合。而且媒染剂还能固定金属盐，这就使得通过同一种染料得出有差异的色彩成为可能。不同的配方决定了媒染剂不等的用量，当然，要染的东西越多，媒染剂也用得越多。

·· 钱是没有味道的 ··

在罗马，由于尼禄挥霍无度，加上连年内战，帝国的财政严重亏空。69—79 年在位的皇帝维斯帕西亚努斯试图通过设立新的税种填补空虚的国库。这其中就有鼎鼎大名的尿液采集税。当时，尿液是染色工匠们主要使用的媒染剂。维斯帕西亚努斯下令在罗马街头放置酒桶状的大陶罐收集尿液，然后对使用这些尿液的人征税。

这项税负激起众人不满，连皇帝的儿子提图斯都表示反对。皇帝给他看了看街头尿桶征来的税款，轻描淡写地说了一句："pecunia non olet."（钱是没有味道的。）

媒染剂，有点倒胃

天然媒染剂是有的，比如含有硫酸铁的泥浆、血液、排泄物，其中尿液作为媒染剂已经被用了几千年。罗马时期留下来的文字告诉我们，最佳媒染剂是发过酵的童子尿或者喝了烈酒的醉汉的尿……幸好，后来成为最常用媒染剂的是明矾，是以微微发白的石头模样存在的十二水合硫酸铝钾，而这东西还有收敛、抗菌、止汗的作用。

东征十字军的明矾

古时候，地中海沿岸若干地区皆产明矾。不管在哪个时期，明矾石都是叙利亚、埃及、希腊尤其是斯米尔纳湾（今土耳其伊兹密尔湾）地区重要的贸易商品。1264年，一个热那亚的家族得到了明矾石的开采权，便把开采的明矾一船一船地运往自己的染坊。

眼红的人不少，将开采权转手了好几次，为法国、英格兰和佛兰德斯蓬勃发展的呢绒行业输送明矾。然而，土耳其人的入侵和1453年君士坦丁堡的陷落导致贸易中断，一时间明矾石难求，价格水涨船高。

重启旧矿，发掘新矿，一下子变得迫在眉睫。

l'incarnat
marque déposée
Procédé B.K.Z.
TEINTURE SPÉCIALE
POUR ASTICOTS
Les asticots teints avec L'INCARNAT
donnent des résultats surprenants
...le aux autres teintur...

MARQUE DÉPOSÉE
Procédé B.K.Z.
TEINTURE SPÉCIALE
POUR ASTICOTS
Les asticots teints avec "L'INCARNAT"
donnent des résultats surprenants
Incomparable aux autres teintures

引诱鳟鱼的"红布"

不止染织物，染料也可以用来染身体、染头发、染木材，染各种物料，比如这里，染诱饵，引鳟鱼上钩。

1462 年，曾经多年旅居君士坦丁堡的意大利商人、工场主乔万尼·达·卡斯特罗被任命为教父——教皇庇护二世的财务官。他发现，罗马周边有许多冬青树，这地方的植被跟斯米尔纳明矾石矿区的植被一模一样。他挖出一些白色的石头拿回去煮：就是明矾！这地方的条件可谓得天独厚：矿层异常丰富，遍地都是栎树和山毛榉，就连制作明矾烧锅炉的柴火也有了。奇维塔韦基亚港近在咫尺，运输十分方便。很快地，庇护二世的教皇国实现了明矾的自给自足，而且比起他们花上三十万杜卡特从奥斯曼帝国买来的那些明矾质量更胜一筹。教皇将明矾买卖收入的款项拨出大部分来筹备十字军东征，并且称这些明矾为"东征十字军的明矾"（aluno della crocciata）。为了保证自己的资源的独厚地位，庇护二世禁止基督商人进口不忠者的明矾。在那个年代，危害教皇国贸易这样的罪可是得不到神甫宽恕的。

教皇的独家经营前后持续了一个多世纪，但也日渐式微，架不住美第奇家族和其他贸易对手的来势汹汹，他们从别处进口明矾，比如西班牙，又将土耳其明矾引进英格兰，弄得亨利七世差一点被逐出教廷。

·· 从矾石到明矾 ··

1556 年，一位工程师把加工明矾的工序画了出来，这套工序被沿用了好几个世纪：

1. 在炉窑中煅烧；
2. 在池子里浸泡；
3. 洗涤沥滤；
4. 结晶。

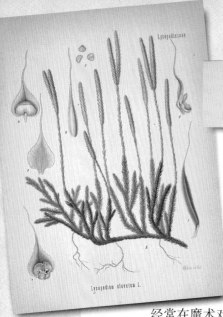

石松在法语中的俗名是 pied-de-loup，狼足，因其芽状如狼蹄子。

植物媒染剂

在不产明矾或无法进口明矾或不知明矾为何物的地方，染色工匠们使用能积聚铝的植物作为媒染剂。石松属植物就是个典型例子。在若干个世纪里，维京人和其他北欧民族一直用它当媒染剂。石松粉非常易燃，所以也经常在魔术戏法里使用，喷火艺人用的就是石松粉。匍匐茎蔓生的石松生命力极强，形似地衣，叶端有孢子，遇风飘散。欧洲石松，又称狮子草，往往长在腐殖土的荒野里或山林中，在法国好几个地区，都把它作为保护植物。它含有醋酸铝和其他钾盐、铁盐和铜盐，因此能够扮演媒染剂的角色。

在世界其他地方，人们使用其他植物替代明矾，比如亚洲的锡兰谷木，或北美印第安人使用的海棠汁。

金属媒染剂

有少数的金属盐也可做媒染剂之用，或单独使用，或配合明矾使用。最古老的金属媒染剂是铁，世界上所有民族不约而同地用它

铁同样被胡兀鹫所用。胡兀鹫生活在比利牛斯山和科西嘉岛一带的山野之间，后来也被引入阿尔卑斯山脉。它会在含铁的泥浆中"泡澡"，大概有疗养的功用，几个星期下来，它的脖子及腹部的羽毛就被染成了橘色。

来染黑色和灰色，这一功能最初是在泛着锈味和深红泡沫的死水塘里挖出的泥中发现的。它能让颜色变深，并且起着强化植物中丹宁成分的作用。阿兹特克人和印加人一直使用它，法国从中世纪起开始用它，而今天，在亚洲和非洲的一些手工染坊中，人们也依然还在使用铁做媒染剂。含硫酸铜的媒染剂会把黄色转化成橄榄色。含锡的媒染剂会提亮天然染料里的红和黄。最终大概于1850年人们发现了铬盐，把它作为媒染剂，将明矾挤出了工业染色的舞台，但带来的污染却对环境造成了灾难性的破坏。

路易-亚历山大·邓布尔内（1722—1795）

多亏他将染色茜草引进诺曼底并成功种植，这一地区的重要产业制呢业才有了更好的染料供给。相对进口茜草，本地茜草不仅价格低，而且质量上乘。他凭借论文《关于茜草的种植》进入了鲁昂科学文学艺术学院，随后他被任命为市植物园的总管。正是在这个岗位上，他开启了以本地植物作为染料的实验，目的是要找到异域染色草木的替代品。1786年，他发表了论文《本土植物在羊毛与呢绒上染成稳固色彩的方法及经验集》，提供了能染出细微差别颜色的几百种配方，光听名字就已然富有诗意：干荞麦秆之金黄，毛洋槐枯枝之肉桂金，香芹绿叶之柠檬黄……

·· 容易着色的自然纤维 ··

植物纤维	动物纤维	
亚麻	（羊毛，丝）	小羊驼毛
大麻	羊毛	原驼毛
椴树木	安哥拉羊毛	骆驼毛
荨麻	（马海毛）	安哥拉兔毛
棉	克什米尔羊绒	桑蚕丝
剑麻	大羊驼毛	
黄麻	羊驼毛	
蕉麻		

亚麻与大麻：沤起来

要获得大麻和亚麻的纤维需要经过好几道工序。第一步是沤麻，通过浸泡、发酵分解胶质，使得纤维与麻茎分离。Rouir（沤），这一词来自古法语，意为腐烂。将麻株在溪河或沤麻池中浸泡八至十日，有时是直接铺于种植麻的田间，沤过的麻株晒干之后经过碾轧，达到去除中心的脆木质，只留下纤维的目的。接着，就该打麻了。打麻是个手工活，一群人聚在一起，边聊天，边把一根根麻纤维抽出，拢成一束。再经过梳麻，麻纤维就可以上纺锤或上纺车了。

棉花是个球

关于棉，希罗多德（古希腊作家，生活在公元前5世纪，他把旅行中的见闻及波斯阿契美尼德帝国的历史记录下来，写就《历史》一书。——译注）如是说："在那里，有一些野生野长的树，结出的果子是比羊毛更美、更柔的毛。印度人织衣服用的就是这种树上的毛。"这种热带灌木本可长至十米之高，却被修剪到只剩一两米高，以方便人们采集棉花。先是从印度后来又从新世界进口，通过海路抵达欧洲的港口，这些从棉树上采摘的一个个的小棉球来到了欧洲。它们随后依次落入棉纺行业不同工人的手中：清棉工、梳棉工、纺线工、整经工、起绒工……18世纪开始，工业革命一步步地把这些纺织的工序机械化。

准备羊毛

剪下来的一坨坨羊毛往往油腻且沾满灰尘。需要先洗去脂油，洗出来的粗脂经过提炼便可获得羊毛脂。漂洗干净之后，等待的是与植物纤维一样的命运：梳毛、纺线，然后再交由织机编织。

丝的秘密

养蚕业和制作丝绸的技术出现在公元前 3000 年的中国。这里头的秘方一直没有外传，直到 560 年，生产丝绸的工艺才被窃取传至欧洲。欧洲的丝绸生产始于 6 世纪，但在法国要等到 18 世纪才开始，图尔和里昂因为有了售卖意大利丝绸的集市而成了丝绸贸易重镇。制作丝绸要从缫丝开始，把缠成蚕茧的那根唯一的茧丝抽取出来，经过卷绕，拧成一根多股的丝线。另外还有脱胶这道工序。脱胶可在蚕丝加工的不同阶段完成，目的在于去除丝胶，蚕宝宝吐出的丝表面有一层天然的丝胶，所以干燥之后蚕茧才能定型。将丝束或织物浸入热肥皂水中再漂洗晾干，经过这样的精炼之后，生丝就变成了熟丝。

染色和漂白

染色可以在织物生产的任何阶段进行：毛料染，是在羊毛或动物

树上的羊

约翰·德·曼德维尔，人称约翰·曼德维尔爵士，是个十足的大话王！这个盎格鲁-诺曼底人在 1357—1371 年间出了一本书，讲的全是天马行空想象出来的旅行。这本书当时在欧洲声望很高，甚至克里斯托夫·哥伦布也受到它的影响。作者在书中图文并茂地描绘了他声称在印度慧眼所见的神奇树木："那里有一种神奇的树，树枝末端长着小羊羔。树枝异常柔软，可弯坠至地面，以便羊羔觅食充饥。"

毛（羊驼毛或羊绒）纺成线之前染色；整束的线染，经常用在羊毛线或丝的染色，后者对工艺的要求更高；整染，呢绒整匹整匹地染，这是大型呢绒厂的做法，因为整染需要重型的装置（染色池、调度设施等）来运送操控织物。

不过染色之前还有两个预备步骤。首先要刮毛和烧毛，把织物表面的细毛或棉结去掉，因为这些细毛或棉结可能会在染色过程中引起意外的麻烦。然后是漂白，大麻和亚麻布料尤其需要，通过空气、露水、阳光和反复洗涤的作用来达到漂白的目的。古法漂白中，布料得摊开在草地上晾晒。这就要求漂白场周围有大片开阔地，而且需要许多人力；有了漂白剂之后，这种漂白法就被弃用了。

颜色不见了！

冷染法也称发酵染或桶染：以前用的是木质或瓷质的染桶，因为染汤的温度无需超过 50℃。

靛蓝植染使用此法最多。在盛着水的染桶里让植物发酵，等待染料释出、溶解，染料便能深深地渗入并附着在纤维之上，然后晾干，

··**嫘祖始蚕**··

公元前 3000 年左右，西陵氏即嫘祖正在桑树下喝着热茶，树上一粒蚕茧掉进了她的茶碗中。她本想把蚕茧取出，未料只捏住了一条丝线，她不停地拽，丝线却似取之不尽……这是人类史上的第一回缫丝，栽桑养蚕取丝的历史从此开启。在很长的一段时间里，从事桑蚕业的都是女性，而丝绸制品也只供给皇帝和达官贵人。丝绸贸易得到官方允许之后，才有了通往西方的丝绸之路，以及这一路上的传奇故事。

Le Ver à soie

·· 漂白剂 ··

1785 年，法国化学家克劳德·贝托莱（1742—1822）试图将有褪色作用的氯运用到织物的漂白工序上。他发现氯气能在短时间内漂白织物，达到与曝晒一样的效果，于是他发明了贾维尔水，即漂白剂（最初称贾维尔洗剂，因为是在巴黎附近的贾维尔化工厂调配出来的）。

氧化之后的染料于是又恢复了不可溶的形态。这一过程通常伴随着恶臭。

煮染法目的也是要溶解染剂，根据植物的不同，或需将汤剂熬至沸腾，或至少要让它慢慢升温。有时候，碰到某些植物，还必须保持恒温或者沸腾的状态，染色分子才能在媒染剂的帮助下附着在织物或线束之上。最终得到的颜色分为大色和小色，大色牢固不褪，小色遇光或反复洗涤之后容易褪去。这一点取决于使用的染色植物。

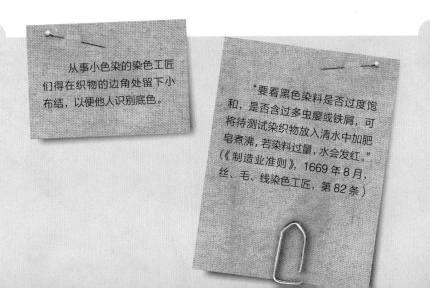

从事小色染的染色工匠们得在织物的边角处留下小布结，以便他人识别底色。

"要看黑色染料是否过度饱和，是否含过多虫瘿或铁屑，可将待测试染织物放入清水中加肥皂煮沸，若染料过量，水会发红。"（《制造业准则》，1669 年 8 月，丝、毛、线染色工匠，第 82 条）

于是，人们也把同样的修饰语用在植物上，称大色植物和小色植物。

染色工匠行话

◎ **Abattre le bouillon**：压汤，在放入织物之前，往沸腾的染汤中加入凉水。

◎ **Achèvement**：小色染色工匠完成一块黑色织物的染色，这是相当精细的活儿，要求专管染黑色的师傅当责任人。

◎ **Avènement du bleu**：显蓝，蓝色在织物晾晒过程中显现出来了，这永远是个神奇的时刻。

◎ **Acquérir du fond**：颜色在空气作用下变得更漂亮。

·· 染点诗意 ··

夏尔·弗朗索瓦·德·希斯特内·杜飞（1698—1739，法国化学家）的任务是把染色质量监控的测试调整得更精准。他从中提炼了一些不乏诗意甚至有些超现实的修饰语：

- 泛着岩石般的光；
- 贫瘠的色彩；
- 丰满的蓝；
- 状如动物身上的黑斑；
- 无光红；
- 从初生蓝到地狱蓝。

◎ **Asseoir une cuve**：备桶，将染汤所需所有配料放进染桶里。

◎ **Assiette d'une cuve**：桶根，染桶里所有染色配料的统称。

◎ **Aviver**：提亮，添加配料，让颜色更鲜艳。

◎ **Bain de teinture**：准备好迎接织物的染汤。

◎ **Bouillon**：含配料但不含染料的汤。

◎ **Bruniture**：压色，把明亮的颜色变暗。

◎ **Cuve en œuvre**：作业桶，准备完毕、可以开始加热的染桶。

◎ **Cuve garnie**：备候桶，已经备齐所有配料，但还不能开始染色的桶。

◎ **Cuve rebutée**：只有在冷却状态下才出蓝色的桶。

◎ **Cuve qui souffre**：石灰不足的染桶。

◎ **Cuve usée**：石灰过多的染桶。

◎ **Cuve sourde**：加热之后开始发出声响或冒细泡的桶。

◎ **Pallier la cuve**：搅动桶中半液态的染渣。

◎ **Débouilli**：测试颜色牢靠度的试验，取染汤小样在不同的药剂中煮沸；尤其用于黑色染汤。

◎ **Dégarnir la cuve**：加入谷糠。

◎ **Dégorger**：漂洗，在溪河中投洗织物，洗去过量的油脂、明矾等。

给鸡蛋提色？
做的什么梦！

母鸡为了下出红色的蛋，
正在往嘴里倒特效染料。

... Une poule qui avale de l'EXPRESS-
TEINTURE pour pondre des œufs rouges.

◎ **Donner le pied ou donner le fond à une étoffe**：给织物打好底色，为染成另一种颜色做准备；比如染绿色，要先打上黄色的底，再到蓝桶中染。

◎ **Engaller**：使用虫瘿染色。

◎ **Évent**：揭开染桶盖使染汤充分接触空气。

◎ **Éventer une étoffe**：晾布，织物从染桶取出后，让其充分接触空气，使色调更均匀。

◎ **Fleurée**：蓝染桶闲置时表面形成的泡沫。

◎ **Friller**：桶中染物冒细泡。

◎ **Garancer**：用茜草染色。

◎ **Gauder**：用黄木樨草染色。

◎ **Gaudage**（名词）：用黄木樨草让织物变黄。

◎ **Gouverner la cuve**：掌控染桶。

◎ **Griser**：把织物染成灰色。

◎ **Guesder**：用菘蓝染色。

◎ **Heurter la cuve**：猛然用力拨开染桶表面并探至桶底，让氧气进入染汤中。

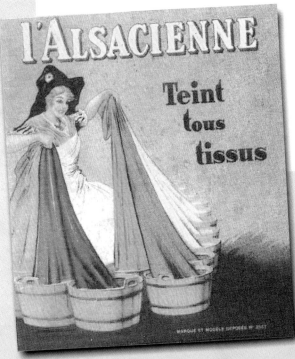

蓝色和其他颜色的显现。

◎ **Laisser la laine sur le bouillon**：煮染完成后，不马上取出羊毛，待其在冷却的汤中浸泡 5—6 天，加强媒染的效果。

◎ **Liser**：上下翻搅染桶中的丝束，以便使颜色均匀。

◎ **Maniement**：搅动染汤以判断质量。

◎ **Passe**：将植物浸入染汤中染一回，同一织物可以染好几回。

◎ **Pâtée**：染桶底部的沉渣。

◎ **Rabat**：给无价值的织物染一点淡淡的颜色。

◎ **Racinage**：用植物的根部染色。

◎ **Roser**：给红色加一点棕色调，让颜色变暗，与"提亮"相反。

桶已经备好了……可不是想要的那样！

身为染色工匠

不受待见的人

　　为大自然所赐予的色彩开始一天的劳作。染色工匠们将植物，包括它们的根和皮或寄生物碾轧、剁碎、捣碎、浸渍、煎煮，从中获取各种颜色。他们摆弄着沉重的、散发着尿和鸟兽粪便恶臭的织物……染色工匠干的是体力活，手指头上永远散发着臭鱼烂虾的味道，人称"蓝指甲"，那是他们洗不去的印记。他们的手总在与带腐蚀性的、带颜色的东西打交道。他们收获的是女人的蔑视和周遭的嘲笑……但没有他们可不行。染料的浸泡煎煮，臭气熏天，他们的技法瞒天过海，染出来的织物变了颜色。那时的染色工匠是人们眼里的魔法师，他们所操持的是黑暗的艺术。

地狱的门厅

　　想象一下中世纪的染坊：昏暗的环境、空气黏糊而闷热，令人窒息；有毒的蒸气，染料的臭味和染色工匠们身上的汗味混合在一起，那气味不是一般的难闻。

　　然而，这个肮脏的地方却能生产出色泽艳丽的奢华绸缎，这

哪个女人会被染色工匠吸引，除了他妻子？幸好，至少还有她……

这张精致的图画显然不足以表明染坊里有毒的环境和氛围。

恰是有钱人心头所喜好的。老百姓所穿颜色暗淡的衣物，都是用小色染料染制的。染坊里总有一间配剂室，染什么色用什么料，在里面都能找到。还有一间屋子，里面有染桶，有带轮叶的晾晒架，用来铺张织物。有时还会有一个小房间，用来预备染料。工匠们会根据所使用的不同染料，掌握好给染桶喂火的火候，在操作时，让煎煮和冷却交替着进行。

在劳作中，工匠的所有感官都被调动起来，尤其是使用菘蓝和靛蓝的时候：得仔细地听染汤的咕嘟声，得看、得闻、得触摸，有时还得尝……有时还要使锅炉接受"洗礼"，以此来给染锅起名字。然后，

·· 工具一览 ··

- **锅炉**
- **蓄水池**
- **托架**
- **旋床**：某种转杆，用来升降整张染织物。
- **木桶**：也称大染缸，染缸里盛满染汤，在其上方有一座起重吊架，滑轮上挂着麻绳，用来吊起浸湿的织物。
- **秤、研钵和研杵**：备料时用。
- **小桶**：用来混合或润湿药剂，再将其倒入锅炉之中。
- **引流沟**：引导染桶中的染汤流向某处。

- **隔网**：用绳子缠绕铁圈或木圈制成的网，把它卡在染缸里，起到避免染织物接触缸底染渣的作用。
- **挂钩**：用以挂染织物，以及挂住放进锅炉里待染的丝织物或毛线。
- **沥网**：用来将呢绒沉放于河水之中。
- **木棒**：用以捶打在河水中漂洗的染织物。
- **沙漏**
- **铲子**

由于生产规模扩大，生铁的锅炉被铜铸的锅炉所替代，铜锅的火烧得更快，但也就没有那么多的人格化色彩了。

只污染不赔款

染色带来严重的污染，所以往往只能在远离市中心的水源旁边进行。不过同一条河流附近不能有鞣革坊，在污染方面，染坊和鞣革坊可谓不相上下。欧洲大城市里这些不同颜色染制的染坊之间通常发生敌对和冲突，但更多的是呢绒厂和鞣革厂之间的剑拔弩张。冲突的主要根源在于，如果鞣革厂玷污了水源，那么染坊的活儿就无法干了，因为他们需要干净的水。同样的道理，红染坊若在河流上游清洗他们的染织物，那么下游的蓝染坊就无法在河流中冲洗他们的染织物了。于是，在 16 世纪，鲁昂政府拟定了一个日程表，规定染坊限时使用水源。这样循环地轮流，使每个染坊也就都能使用到干净的河水。这期间染坊也有过许多诉讼案件的笔录，它们都见证了这些因水而引起的冲突。

行会制度

11 世纪，随着城市的出现，行会应运而生。不过直到十二三世纪，行会才大规

有比染坊更污染、更难闻的吗？那就是鞣革坊了。鞣革工匠是主保圣人巴多罗买，耶稣十二门徒之一。

模涌现，行会的规章条例才真正开始制定，同时它也享受一些特权。行会的目的，是通过细致的规定和行业监督员及评审员的检查，保证产品的质量，并且限制同一行业间的竞争。从 13 世纪起，白纸黑字的条约、文件多了起来，既有染色配方，也有行业内的规定。Capitolaribus de Tinctorium，这是最早的自主行

中世纪的行会：染色工匠们已经相当有组织、有纪律。

规，由威尼斯的染色工匠于 1243 年 5 月在里亚尔托（威尼斯里亚尔托桥一带，自古是威尼斯的贸易中心。——译注）提交。之后，西班牙、法国也相继出现类似的文本。巴黎商户总管艾蒂安·布瓦罗于 1268 年发布的《行业书》，列出了一百多个行业，是一份关于巴黎各行各业及其地位的珍贵史料。起草《行业书》的目的是管控各个行会的活动。在这份文件里，有武器业、奢侈品业、食品业，还有服装业，染色工匠就属于服装业的一分子。这也是第一份涉及学徒问题的文字记载。

染色工匠不是想当就能当

入行条件、学徒期、工作时间、休息日、违规罚戒，等等，都在行会条约里有清楚严格的规定。最初，学徒期长短比较灵活：四年到六年，甚至更长。要确定一位新成员入行的时间，得先拟定一份契

染色工匠不是你想当就能当的，得经过严格遴选。

约，学徒和他的家人、他未来的师傅和别家的师傅及一到两位评审员都得悉数到场。条件谈好了，双方都接受了，评审员宣誓将敦促双方履行契约，若有一方违约将采取干预措施。这样一个合同也可能只是以口头契约的形式存在。学徒往往都是 10 岁到 12 岁的孩子，家里给行会缴纳一点入行费，师傅管他的吃穿住，不支付报酬。学徒若是师傅的孩子，那条件自然就不一样了：到自己父亲的作坊里学手艺的学徒，不用交入行费，也没有严格的学徒期规定。早在 13 世纪，一个外行人想进入某个行当，就需要做许多的牺牲。

学徒、伙计和出师之作

作坊的学徒在数量上没有限制，夜间作业也是被允许的。学习的主要内容是如何操作铲子……奥利维耶·布雷 [Olivier Bleys（ 1970—   )，法国作家。——译注] 在他的小说《菘蓝》中写道："使起铲子或长柄耙来可不像使勺子那样，我们学的是海狸的样子：一会儿上天，一会儿入水。只有这样，我们才能确保布匹连最细微的褶皱都染上颜色。"

学艺期满，得到业内充分认可之后，学徒就可以在师傅的陪同下，到评审员和劳资调解委员面前宣告：按照规定，他的学徒期已经结束。此时，他还当不上师傅，但时间上他自由了，他可以当个佣工或雇工。

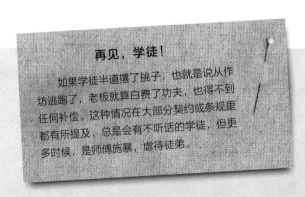

再见，学徒！

如果学徒半道撂了挑子，也就是说从作坊逃跑了，老板就算白费了功夫，也得不到任何补偿。这种情况在大部分契约或条规里都有所提及，总是会有不听话的学徒，但更多时候，是师傅施暴，虐待徒弟。

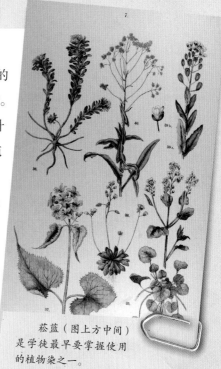

菘蓝（图上方中间）
是学徒最早要掌握使用
的植物染之一。

最勤劳节俭的那些往往也能挣到置业的钱，在评审员面前宣个誓，买个师傅的头衔。

13世纪，要求伙计完成作品才能晋升师傅的做法似乎还没有在染色工匠行业里施行。相关条文后来才逐渐被添加到行规中，直到柯尔贝在他的法规中清晰明了地写道："……此人须持有文凭或合同及学艺证明；随后，他必须在同一位师傅或其他大色染色工匠师傅身边担任帮工；期满之后，如果他认为自己有能力，可以提出完成出师作品的要求，以期加入师傅之行列。"

要完成出师作品，染坊的伙计得掌握菘蓝的使用，他得花十天时间制作一桶菘蓝染剂，还得完成一匹茜草红呢料、一匹深紫红呢料的染色，还有用纯菘蓝和茜草染出的绿呢料和黑呢料各一匹。染色工匠的儿子比较有优势：他们只需要当两年的学徒加两年的伙计，至于出师作品，他们也只需在菘蓝上花三天时间，再随意挑选两个颜色染两匹呢料即可。

从事小色染的伙计则没有出师作品一说，但学徒期是一样长短。

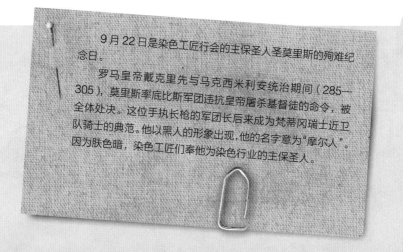

9月22日是染色工匠行会的主保圣人圣莫里斯的殉难纪念日。

罗马皇帝戴克里先与马克西米利安统治期间（285—305），莫里斯率底比斯军团违抗皇帝屠杀基督徒的命令，被全体处决。这位手执长枪的军团长后来成为梵蒂冈瑞士近卫队骑士的典范。他以黑人的形象出现，他的名字意为"摩尔人"。因为肤色暗，染色工匠们奉他为染色行业的主保圣人。

大色与小色

同样出自柯尔贝的规定："比起大色，小色成本低廉，普遍容易认为染色工匠会尽其所能使用比大色更可取的小色：正因为如此，政府决定出台法规，甄别大色小色。"

在巴黎也好，在法国其他大城市也一样，染色工匠分为两个团体：大色染色工匠和小色染色工匠。用于大色染的织物和药剂如何分配都有法规可循。时代不同，大色染的植物的编目分类法也不尽相同，但主要特性是一样的，那就是耐久、耐光、耐洗。

不管从事的是大色染还是小色染，每个染色工匠都有一个印章，小字写着城市名，大字写着"大色"或"小色"两个词，每件出产的产品都要盖上这个章，防止造假。如果一匹呢料是多色合成，比如底色是菘蓝，染色工匠必须用小花结做标记，把染过的每样主色都标明。每个色样有两个底样，一个保存在行业办公室，另一个留在染坊，以在发生争端时便于核实。同理，条纹布料的制造商也不得把大色线和小色线混起来用，违者将被处以没收货物，惯犯罪加一等。

大色的定义从柯尔贝时期开始，流传了数个世纪。

纺织业内部竞争

染色工匠会为用色不准辩护。如果有人就这一点投诉，评审员会检查布料，情况属实的话，工人会被罚款20苏。

一切都是为了保护公众免受欺诈，帮助小工坊抗衡大企业。任何形式的商业协会也都不允许或禁止：纺织工、染色工和缩绒工之间形成任何以操纵价格和垄断供货为目的的"联盟"。

然而，同样的争吵却总在重复。纺织工把染毛线和呢绒的活揽到自己手下，染色工匠又怎能对这样的僭越忍气吞声，他们在行规中抱怨道："这有悖上帝的旨意，有悖法律，更损害国王的利益。纺织工的职业头衔是从国王那里买来的，只有国王有决定权，不应由纺织业人士自行决定，然而他们却禁止非纺织师傅儿子的人买纺织工的职业头衔。若国王同意，入了纺织行业的人可以从事染色业，入了染色业的也可从事纺织业，只要他从国王那里买入头衔。如此一来，必将造出更多的呢毡布匹，买入更多的丝线、羊毛及其他，国王的金库每年也会多收入两百巴黎利弗尔（巴黎铸造的货币。——译注）。"

争端不是没有裁决，不过，纺织工与染色工之间的争争吵吵也从没停止过；没有一方比另一方更愿意放弃自己的要求。

职业病

柯尔贝的规定首次提及某些植物对工人可能产生的危害，可看作预防职业病的草案雏形："亚麻叶瑞香对使用者的视力有伤害，其色彩也不如木樨草、麻花头及染料木的颜色牢固，也不及黄栌。"

染色工、纺织工和缩绒工之间的关系颇为紧张。

植物特写

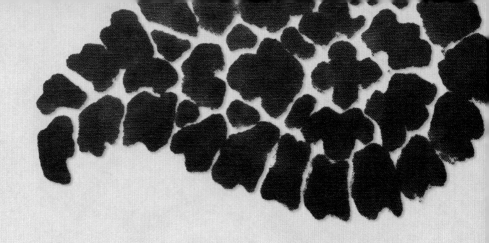

黄木樨草

Reseda luteola L. - 木樨草科

明亮的黄

一点植物学

　　两年生草本，高50—120厘米，根系坚固且直。偶见在同一地点存活数年之久的黄木樨草。叶细而修长，花朵黄中带绿，总状花序。

　　高卢时期，人们将黄木樨草与菘蓝混合，以获得绿色，人称木樨草绿。

黄色与黄木樨草

　　黄木樨草最早生长在地中海沿岸及西亚一带。从埃及、利比亚、伊比利亚半岛、亚平宁半岛、巴尔干半岛到中东的土耳其、伊朗，直到巴基斯坦，都能找到自然生长的黄木樨草。木樨草属包含五十多种一年、两年或多年生的草本植物，人们种植木樨草往往为取其香。黄木樨草后来因着色力强而走红色彩界。两年生，根系直，株高50—120厘米不等，披针形叶片交错生长，株末端呈拉长的金字塔状，每年6月至10月，株端开出黄中带绿的三瓣小花，排列成顶生的总状花序。黄木樨草可以在路旁自然生长，喜欢沙质的稀松土壤，喜欢石子多的地方，如废墟泥土，或在建筑坍塌之处也会见到它的身影。

用尿液来染黄……

　　在瑞士新石器时代的湖边遗址中，人们发现了黄木樨草的种子，证明其使用由来已久。埃及人把黄木樨草作为主要的黄色染料，并与茜草混合以获取橙色，与菘蓝或靛蓝混合获取绿色，充分显示了他们在染色技术方面的先进。黄木樨草对古代的希腊人、波斯人和罗马人来说也不陌生。古罗马人供奉女灶神的贞女长裙就是用它染的。到了中世纪，黄木樨草在法国和德国的纺织重镇周边被大量种植，在英格兰（埃塞克斯郡、约克郡）逸为野生，后趋罕见。随着纺织业的

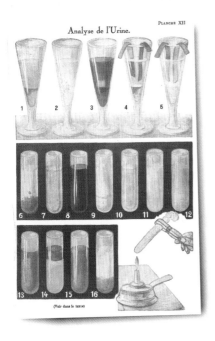

古罗马时期的希腊医生和药理学家迪奥科里斯（40—90）在他的著作《药物论》中将黄木樨草归入染色植物之列。

蓬勃发展，黄木樨草的经济价值凸显，毕竟，纺织业是欧洲发展最早的产业之一，欧洲的贸易往来便是从纺织产品开始的。苏格兰的山区也有使用黄木樨草的传统，1911 年问世的德韦利 [Edward Dwelly（1864–1939），英国辞书学家。——译注] 的盖尔语词典中提到一个配方，建议"将纱线搁置盛有尿液的容器里浸泡 10 小时，取出，用清水洗净，投入盛满水和黄木樨草提取物的另一个容器中，放置火上煮至沸腾，执木棒将纱线不时捞出再沉入，直至其完全染色"。

在法国，黄金般的木樨草

"若播种过疏，黄木樨草会变得多枝，这样的情况对染色工匠是不利的，因为单股的木樨草质量最佳。"这样的建议今天看来颇有意思，见于 1837 年出版的《农业实用百科全书》。不妨让这一著作接着讲讲人们都是如何对待黄木樨草的。"耕地犁毕，用钉耙背将土块敲碎，播完种，再用

114. Reseda luteola L.
Weld, Yellow Weed, Dyer's Rocket; Y.

种植淡黄木樨草的地方叫木樨园。

树枝来回过几遍把土抹平。木樨园无需人们费心照料，只需在入冬之前和冬天过后适当除一下草，给生长过于密集的地方透点光，空隙过大的地方补种上刚薅下来的草。相比其他所有染色植物，黄木樨草给种植者的好处就是，它只需要割下来晾干，就可以卖给染色工匠了。"

人工种植的黄木樨草比野生的质量要好。在法国，黄木樨草的种植主要集中在几个地区：朗格多克-鲁西永（法国南部旧行政大区，2016年1月起与南部-比利牛斯大区合并成为奥西塔尼大区。——译注），巴黎周边的诺曼底、皮卡第和香槟地区。其种植的黄木樨草有两个品种，即秋木樨和春木樨。3月或9月播种，来年的六七月收割。黄木樨草的种子十分纤细。为了均匀播种，人们把种子和肥沃的湿沙混合在一起。种子必须浅埋在土表。收割期视播种期、地点和气候而不同。当植物开始显出黄色，部分种子成熟，就表明收割的时候到了。流传广泛的收割方法是把草连根拔起，尽管根部几乎不含色素，但这种方法更有优势，因为茎部显得更长，植物"卖相更好"，也就更好卖。饲养牲口的农户则会紧贴着地面把草割下。留下的草丛会长出新叶，拿来喂牲口再好不过了。

只要阳光不要雨

秋木樨草的收割一般在六七月进行，春木樨草可能得等到9月。木樨草必须充分干燥后，才能得到染色工匠所要求的深柠檬黄。最简单的干燥法就是拔下来之后，以"条堆"法直接堆在地里，切勿堆得过厚。阳光很快会把顶部晒黄。

那么就该把"条堆"的草翻转过来了，让底部也干燥变黄。完全干燥需要一周时间，而且必须是天气晴好的整整一周……要是赶上天气不好，那是万万不能把木樨草留在地里的，只消一滴雨，就足以把黄草变成褐草，让它废了染色的武功，也没了价值。于是用稻草绑成一小捆、一小捆的，摞起来运到住处附近，再把每一株分开，挂在墙上或篱笆上，接受三两天烈日的炙烤。干燥过程完成之后，干草就可以打包成捆了，每捆10斤到15斤（法国古斤，巴黎为490克，各省为380克至550克不等。——译注）。

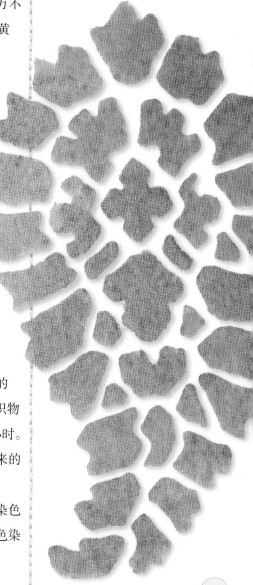

如今，黄木樨草是受保护植物，只能在染料专家或草药师处购买、使用。黄木樨草也可做景观植物，专门的种子店里能买到种子。

不褪的黄色

黄木樨草只要干燥得彻底，并且存放在不潮湿的地方，它的染色效力可以永不减退。甚至有"陈年旧草色更佳"的说法。要使木樨草黄得以很好地提取，染色工匠只需把草放在纯净的水中煮1小时，然后捞出来，把事先媒染过的染织物放进去，保持90℃—95℃的温度，在水里搅半个小时。用铁媒染可以得到偏橄榄绿的黄。用明矾媒染出来的黄，从麦秆黄到深柠檬黄，不一而足。

黄木樨草因为使用方便，可塑性强，而备受染色工匠的青睐。它也是为数不多不会变成橘色的黄色染料之一。

LA NORMANDIE PITTORESQUE
1747 - La lumye électrique
cha mégalue... j'aime mu man
grasset.

Cliché A. V.
Coll. L. G. B., St-Pierre-Eglise

染色成分

　　黄色的植物在自然界很常见。其中具有染色作用的是黄酮的代谢物，或者更确切一点说是木樨草素，名字就来源于黄木樨草（*Reseda luteola*）。19 世纪初，法国化学家米歇尔 - 欧仁·谢弗勒尔首次成功地将木樨草素分离出来。百里香、芹菜和蒲公英也含有木樨草素。

　　黄木樨草富含木樨草素，除根部以外，全株茎叶都含有色素，可用来染丝、羊毛、亚麻、棉，也可染大麻和灰绿针草织物。染棉和毛时，用明矾媒染即可，若染其他材质，则往往需用明矾加塔塔粉(酒石酸氢钾的俗名。——译注)。尽管优点无数，自 18 世纪起，黄木樨草还是逐渐为外来染料如美洲黑栎树皮所取代。美洲黑栎树皮产自北美洲，染色需要的剂量比黄木樨草要少许多。到了 19 世纪，那就是合成染料的天下了。

　　处理干燥的黄木樨草时，人们会垫一块布，这样可以把掉下来的木樨草种子收集起来，经过处理得到质优的精油。

黄木樨草有益健康

黄木樨草也可入药：它的根和叶有利尿、镇静之功效。拉丁语中的 *resedare* 意为缓和、镇静。根据老普林尼（1世纪）的说法，木樨草能消炎，用药时嘴里还得念念有词（reseda mordos reseda）：平息病痛，平息……再吐三次口水。

黄木樨草有才艺

沉淀在容器底部的色素附着在矿物质上，变得不可溶，以粉末或以液态存放，人称阿维尼翁漆。在中世纪，泥金装饰手抄本的彩画就是用这款漆着色。直到18世纪合成染料出现之前，人们还一直使用阿维尼翁漆来画装饰挂毯。从罗马时期开始，人们也利用黄木樨草模仿阿提喀赭石（真正的阿提喀赭石来自希腊），办法就是把白土粉投入黄木樨草汤中。

米歇尔-欧仁·谢弗勒尔

获取明黄有妙方：要染100公斤的羊毛，需要16公斤明矾，8公斤塔塔粉和60公斤干的黄木樨草。

中世纪精美的泥金装饰手抄本也得归功于黄木樨草。

黄栌

Cotinus coggygria Mill.- 漆树科

一顶轻飘飘的假发

假发树

黄栌是一种荆棘状落叶灌木，成树可达 5 米高。原生于西亚，后自然繁育至欧洲南部众多干旱地区。法语里，黄栌的名字是 fustet，即 petit fût，意为"小树"，得自它矮小的身材。单叶，全缘，叶片暗淡、无光泽。春天绿色的叶子到了秋末则呈古铜色。六七月是黄栌的花期。黄色的花细小到不甚起眼，不落的花梗则呈漂亮的粉红色，在枝头形成羽毛般的团簇，因此得别名假发树。其成熟的核果为褐色。

生于南方

黄栌曾在法国的普罗旺斯和多菲内（法国旧行省，大约包括今伊泽尔省、德龙省和上阿尔卑斯省，位于法国东南。——译注）、西班牙的马拉加、葡萄牙的波尔图和意大利的马尔凯、翁布里亚、西西里等地种植和利用。14 世纪，欧洲纺织业有了一定发展之后，黄栌的经济地位也开始被重视。尽管黄栌染得的颜色不经晒，但它使用起来比其他黄色染料植物更经济实惠，而且跟其他昂贵的染料配合使用的话，也能节省这些染料的用量，如胭脂虫、红花等。很长一段时间里，只有意大利的马尔凯、西西里

迪瓦地区沙蒂隆镇的红木市场。

CHATILLON-en-DIOIS. - Place des Écoles

和翁布里亚等地区种有黄栌。

19世纪末，大型黄栌种植园——意大利语称*scotanare*——的面积达550公顷。不过，没有人像那个阿尔及利亚人一样，从西西里进口3.5万株黄栌，种在西迪勒贝阿巴斯（位于阿尔及利亚北部的城市。——译注）附近。如此冒险的也只此一人。在其他地区，人们仅仅满足于从野生的黄栌树上取材。

红木市集

从14世纪起，法国的普罗旺斯和意大利的维尼托成为出产黄栌的大区。不少地方的名字中都有黄栌的土名*parouvier*，足见黄栌对当地经济的重要性。对于德龙省和沃克吕兹省的居民来说，黄栌是不错的收入来源。在德龙省的迪瓦地区沙蒂隆镇，有一个"红木市集"，专门做这一染料植物的买卖。人们将黄栌去皮，刨成木屑，拿到市场上卖。今天，一些地方依然保留着诸如红木广场、红木街这样的地名，见证着黄栌过去的风光。

从16世纪起，尽管黄栌遭遇异国进口黄染料木的激烈竞争，但黄栌贸易一直持续到19世纪。穷人会去旺杜山的山坡上捡黄栌叶。在1835年问世的一本记载了德龙省统计数字的书中可以读到："拾集树叶的成本如此低廉，卖黄栌简直是无本生意。七八月里，人们采集叶子和新芽，晒干之后卖给批发商。"

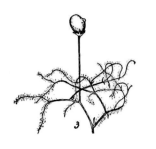

一粒果子、两粒果子、许多果子……黄栌的假发就是这么来的。

提取染料的方法

除根部外，黄栌全株富含色素，从上到下均可用作染料。六七月里，人们将其齐根割下，置于太阳底下晒干，经过拍打之后，将叶子和脱落的花球用石磨碾碎，得气味发涩的黄绿色粗糙粉末。这些粉末就是"苏麻克"，可以拿到市场上卖了。西西里的苏麻克质量最为上乘。剩下的枝同样含有色素，往往被剁成小块木屑。

染色时，将水加热至 50℃，把苏麻克或木屑投入水中，随即放入织物。织物在水中最多停留 15 分钟至 20 分钟。在此期间，继续加热染汤。如果水温过高或染织物停留时间过长，颜色反而会变淡；若媒染剂是铁，颜色甚至会消失。用明矾媒染的织物，以丝和毛居多，能得到鲜艳的黄色；用过氧化铁媒染的织物则会被染成黑灰色。

指尖上的新鲜黄油

黄栌富含的橙黄色色素来自黄酮醇的代谢物：漆黄素。它是用于丝和羊毛制品的主要黄色染料之一。普罗旺斯著名的白玉拼布使用的黄色也得益于黄栌在法国南部的广泛应用。然而，黄栌的颜色不耐久，在 17 世纪，它被归入小色的行列。但朗格多克地区的制呢厂依然被允许使用黄栌，一来因为它偏橙色，二来是它可以在染亮橙色的时候，节省昂贵的胭脂虫的用量。而亮橙色的产品在东方的销量不容小觑。细腻的朗格多克手艺人给各种颜色起了一系列很"时尚"的名字：龙虾红、杏黄、橙黄、金合欢、黄水仙……

　　手套业领域，黄栌可用来染米色系，从榛子米色到鲜黄油米色。19世纪末20世纪初，女士们非常喜爱鲜黄油米色的羔羊皮手套，曾引起相当规模的黄栌热。黄栌不仅能染纺织品，在皮具染色上也颇有能耐。在格勒诺布尔，曾经的手套业重镇，人们经常使用剁碎的黄栌木，或者更好的磨成粉末的黄栌。染色时配合少量钾碱，在染汤沸腾的时候投入其中，可以使颜色更加鲜艳。

　　黄栌可用来制作木工小物件。它还有治愈伤口的作用，可用于治疗口腔溃疡。

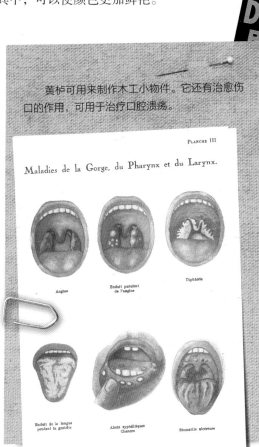

　　直至20世纪50年代，"鲜黄油"手套都是优雅的代言词。

染料木

Genista tinctoria L. - 豆科

美丽如斯

从植物学开始

染料木是一种多年生落叶灌木，它无刺，长绿叶，株高可长至1米。原产中欧及北非，如今遍布欧洲各地，除了最北部。以酸土地区最为多见，多与欧石南相伴而生。花期6月至9月，花朵呈金黄色，复瓣，直立总状花序。染料木花的龙骨瓣易垂落，这也是它有别于其他豆科植物的外观特点之一。结荚果，颜色深，内有种子。

重要日子就得色彩缤纷

染料木自古代就被用来给羊毛和丝绸染色。维京人用得最多，斯堪的纳维亚和英伦三岛的考古遗迹出土的植物残留和纺织品碎片的化学物质分析结果证明了这一点。他们将呢子染成黄色，以期提高它的价值。呢绒是当时维京人重要的交换流通物，尤其在冰岛，那里的人做衣服大部分选呢绒料。

未染色的淡色羊毛用来制作平日里的衣裳，但逢年过节则必须穿着色彩鲜艳的服饰，一来以此显示家产富足，二来也表现出对节日的隆重对待，不然可能会遭人嘲笑或看不起。给衣服染各种颜色，蓝色是最常用的颜色，染料取自菘蓝

（*Isatis tinctoria*）；黄色取自
染料木、黄木樨草和帚石楠；
红色取自茜草和北方拉拉藤
（*Gallium boreal*）；而深暗的
颜色则取自胡桃的树皮、树
根和青果皮。

法兰西土壤上的杂种

　　在法国出产染料木的地
区，人们管它叫杂种染料木，
也有人称它为染黄草，让人不难联想到它的用途……
染料木多为野生，人们只需去采而不用种植，而且在
国内市场就能买到。在不产黄木樨草的地方，也就是
沙质平原和腐殖土居多的地方，人
们采来染料木，不经晾晒就直接卖
给染坊。黄木樨草的生长需要沃
土，而染料木则能在相对贫瘠的
土壤上生存。自中世纪以来，不
少贫穷的人以卖染料木为生。他
们收割染料木，一车车地拉去卖
给染色工匠。由于染料木分布广
泛，在农业耕种条件欠佳的地方，
不失为一种生活来源的补充。

提取方便

　　染色一般使用的是染料木
的枝和初夏采集的花朵。有时
也需用明矾做媒染，但染色步
骤非常简单。将新鲜采摘的带

黄色的船帆远
远可见，它宣告的
应该是恐怖的到来。

法国境内染
料木属植物不少，
只有染料木被广
泛使用。

55

Genista tinctoria L. 106.

·· 染料木对抗狂犬病 ··

医学上，染料木被用来治疗痛风和风湿，也有利尿催泄之功用。1815年，莫斯科医学物理学会发表论文，称用染料木枝煎熬成汤可对抗狂犬病，随后这一治疗方法被引进法国。论文主张喝上六星期染料木汤剂，用其清洗伤口，并以它做漱口水用。但这一疗法没有巴斯德研制的狂犬疫苗那么成功，历史也没记住它是否真的有效……

人们也把染料木茎皮当亚麻用，制成纺织纤维和绳索。花苞可以浸泡在食醋中保存，像刺山柑花蕾酱一样，当调味品用。

花的染料木枝叶装入纱袋中，投入水里煎煮一小时。捞出袋子，放入织物，再煮一小时。从经济的角度考虑，染料木有一定的优势，它的价格比黄木樨草低，而且好找，对于不出产黄木樨草的地区尤为重要。

由黄转绿

染料木起染色作用的成分是一种黄酮，因此它被列入大色行列。按照17世纪行规的标准，是一种"持久稳固"的颜色。人们用它来染羊毛制品，可以染得漂亮的金黄色，偶尔也用来染丝织制品。缺点是，如上文所言，使用染料木得趁新鲜，染制作业期因此受到限制而变得十分短暂。

染料木配合其他染料，可以获得绿色。先用染料木染一遍，再将织物投入用菘蓝配制好的蓝色染缸中。中世纪，英格兰人就用这种方法得到了一种叫"肯德尔绿"的颜色，名字取自英格兰西北以羊毛纺织及染色业为支柱产业的一座城市。1415年10月25日，身着这种绿色的肯德尔弓箭手在阿金库尔战役中一战成名。（阿金库尔是法国北方加来海峡省的一个市镇。阿金库尔战役是英法百年战争中著名的以少胜多的战役，

肯德尔绿从林中来。

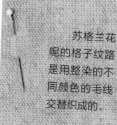

苏格兰花呢的格子纹路是用整染的不同颜色的毛线交替织成的。

英国弓箭手大败法国精锐骑兵。——译注）他们用密集的箭雨击溃了法国骑兵。据说侠盗罗宾汉身穿的也是这种绿色衣服……

分析研究表明，复合染料在中世纪便已存在，包括黄木樨草中的木樨草素和芹菜素，茜草含的茜素和红紫素，以及菘蓝或蓼蓝中所含的靛蓝。

·· 染料木和荆豆 ··

染料木和我们在树林中常见的金雀儿（学名 *Cytisus scoparius*）不一样。小心！金雀儿有毒，但它也同样被用来染黄色甚至绿色。巴约（法国下诺曼底大区城市）的刺绣挂毯所用的绿色，就来自于这种在诺曼底和英国南部分布广泛的植物。苏格兰格子花呢的黄则是用荆豆（学名 *Ulex europeus*）染得的。

染料木属还有其他植物也可提取黄色染料。

57

染色鼠李

Rhamnus saxatilis subsp. tinctorius Jacq.- 鼠李科

低调地做一株鼠李

一点植物学

广泛分布在南法及夏朗德省石灰质土壤上的落叶小灌木，椭圆形叶，叶脉显著，开低调的黄色小花，后结成黑色小浆果，形似某些野李子。

鼠李

这里要讲的不是一种鼠李，而是多种鼠李：岩生鼠李、染色鼠李、意大利鼠李。它们有着共同的特点：对生枝，三四月间开小黄花，黑色的果子。鼠李的法文俗名"nerprun"意为黑色的果子，指的是浆果成熟时的颜色。这些令染色工匠饶有兴趣的浆果被笼统地称为阿维尼翁籽。古代版的市场营销手段……

岩生鼠李是一种有毒、带刺的落叶小灌木，喜爱石灰质土壤上光照充足的树林。椭圆形的小叶子，绿色的花，还有在八九月间成熟了的黑色浆果。岩生鼠李在普罗旺斯、喀斯、多菲内南部很常见。染色鼠李是岩生鼠李的一种，大多生长在地中海沿岸的法国南部和夏朗德省。它与其他的岩生鼠李的区别在于，它有更大的叶柄和双核的果子。意大利鼠李是一种常绿灌木，地中海沿岸的石灰岩上最为常见。它的果子初结时呈红色，成熟时转黑色。

来自地中海东岸的种子

鼠李浆果被用来染色的历史可追溯至 2 世纪，从欧洲到小亚细亚都有鼠李的买卖。那时候在法国，人们进口来自西班牙的相似品种，尤其是一种名叫扁桃鼠李的波斯籽。波斯籽先到达土耳其的斯米尔纳，再转运至欧洲。这种浆果个头要大许多，表皮有褶皱，果子里的籽也更大，可提取优质染料。奥斯曼帝国本

Tafel 118.

Rhamnus saxatilis
Felsen-Kreuzdorn.

"黑李子"、岩生鼠李，被用得最多。

土也产鼠李，那里的鼠李被称为东方之籽。

阿维尼翁籽

鼠李在多尔多涅省和杜省南部之间的弓形地带自然生长开来。夏天，人们赶在黄绿色的浆果成熟之前将其采集晒干。这种小灌木在维纳桑伯爵的领地境内（今阿维尼翁及周边。——译注）十分常见，于是人们能采集到许多浆果，以阿维尼翁籽之名贩卖。这个名字流传开来之后，不管鼠李产自哪里，都被冠以阿维尼翁的名字。人们也把它叫作小籽儿或黄籽。浆果被打包装袋，每布袋120公斤，投放市场。政府部门总是考虑周全，从法兰西王国至边境地区，他们通过税收来控制阿维尼翁籽的买卖和使用："阿维尼翁籽从里昂海关入境，税率不变，每担9苏；从里昂海关出境，根据1664年出台的规定，每担20苏。"

次等黄木樨草

　　阿维尼翁籽是小色染色工匠寻找的对象。它染出的黄色不太牢固，染坊中用它代替黄木樨草来染丝绸。准备工作很简单：晒干的浆果用石磨碾碎，然后投入水中煮，加入草木灰或明矾，然后过滤。剩下的步骤跟用黄木樨草染织物一样。若染织物此前已用明矾和塔塔粉媒染过，便能得到漂亮的黄。16 世纪，这种会褪色的黄在教皇城特别流行。

卑贱的黄色

　　鼠李所含的色素是黄酮类和蒽醌类化合物的混合。鼠李也是被用来给犹太人某些衣服染黄色的三种植物之一。另外两种是黄木樨草和毛果一枝黄花，用量更少一些。历史可追溯至 1215 年举行的第四届拉特朗大公会议，这次会议通过第 68 条教规，强制犹太人和撒拉逊人（中世纪欧洲人对阿拉伯人或西班牙等地穆斯林的称呼。——译注）必须在着装上与基督徒区分开来，以便防止"基督徒与他们通婚或发生关系"。对于基督教而言，黄色变成了欺诈和谎言的象征，后来又成为最著名的叛徒犹大的代表，再后来有了更可怕的延伸，黄色直接代表犹太教和犹太人。歧视的标志随着地区和时代的不同而变化。在马赛地区，自 1255 年起，犹太人得在黄色的徽章、圆圈织物或尖帽之中选择一样佩戴。在阿维尼翁地区，黄色圆圈在 16 世纪被黄帽子取代。至于犹太女性，她们得佩戴"pecihoum"，一种戴在头上的小饰结。

　　直到 18 世纪情况才有所好转，犹太人总算被允许戴黑帽子了。而犹太人必须戴帽子的规定，一直到大革命之后的 1791 年才最终被废除……然而，到了

犹太流浪汉身穿黄色衣服，若干世纪下来，黄色已然成为卑贱的颜色。

1940 年，代表歧视的黄色又以"大卫星"的模样重新出现……

"二战"期间，犹太人被强制佩戴这颗星形标志。

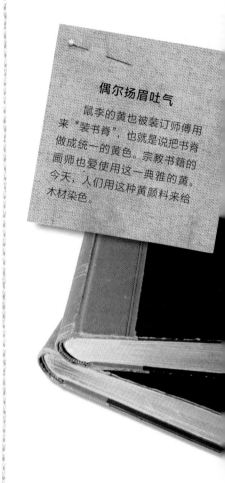

偶尔扬眉吐气

鼠李的黄也被装订师傅用来"装书脊"，也就是说把书脊做成统一的黄色。宗教书籍的画师也爱使用这一典雅的黄。今天，人们用这种黄颜料来给木材染色。

阿维尼翁籽与艺术

鼠李籽中的有色物质混合了黏土和明矾后，会得到一种金黄色的颜料，画家称其为"stil-de-grain"。人们先把鼠李籽在沸水中煮烂，然后过滤，加入明矾，利用碳酸钠或碳酸钙帮助沉淀，如此可以得到从深黄至棕黄的颜料。法语中的 stil-de-grain 还包含其他黄色，由阿维尼翁籽提取物混合黄木樨草或姜黄提取物所得。弗拉芒画家在十五六世纪便用上了 stil-de-grain 这种颜料。他们按照自己的秘密配方制作，用的是进口的阿维尼翁籽，据说质量比法国生产的还要上乘。其实，早在中世纪晚期，壁画师也使用过这种颜色，再后来，到了 13 世纪，在布面印刷中人们使用它来补色，也就是说，做一些局部的小修补或图案之间的细微衔接。

刺檗

Berberis vulgaris L.- 小檗科

不讨嫌，会装点

插画上没出现的根和皮才是有效的染色原料。

有毒无害

刺檗是一种多刺的小灌木，半常绿，株高 1.5 米至 3 米不等。原产于西亚和中欧，常见于森林边缘地带、小灌木丛中，或做篱笆用。枝丫发黄，长有刺。叶无毛，边缘有细微锯齿，正面呈绿色，背面呈蓝绿色，入秋转红铜色。花期五六月，总状花序，花色鲜黄，9 月，花结出圆柱形小果，红得煞是好看。果熟之前有弱毒，成熟之后可生吃或煮熟食用。

在亚洲更受欢迎

小檗属植物在中亚和远东地区被广泛种植。在染色领域里，中国和日本用的不是刺檗，而是另外一种叫红叶小檗（*Berberis thunbergii*）的植物。在欧洲，与其他染色植物相比，刺檗一直处于次要甚至边缘的地位。刺檗在伊朗和阿富汗也有种植，这两国是最早出产刺檗的国家。波斯语里将刺檗果干称为 "zereshk"，撒在米饭上一起食用，又酸又甜。

不被人待见的装饰品

古时候，人们种植刺檗当篱笆。如今这种灌木只有在山里才能见到。它是导致秆锈病的真菌宿主，而小麦尤其容易受秆锈病侵害。于是到了 19 世纪，刺檗逐渐被消灭。1894 年至 1897 年，秆锈病曾造成法国农

作物大量减产，1912 年 7 月，法国政府
下令拔除刺檗。许多外形与刺檗相似的
落叶灌木也不幸受到牵连。

染色的刺檗

刺檗的皮和根为染色工匠们提供了明亮
牢固的黄色，前提是，羊毛和丝先经过明矾
媒染。刺檗的根系扎得不深，秋冬可拔，清
洗晒干之后就可以拿去卖了。

刺檗的有效染色成分是小檗碱，它擅于
与织物打交道，将"好看的亮黄"附着于其身。
皮革匠也用刺檗来给皮子染色。不过，用刺
檗最多的还是细木工，刺檗可用来做细木镶嵌和镶贴。
要么是直接使用柠檬黄色的、质地坚硬的刺檗木，要
么将木头投入用刺檗根和赭石事先熬制的染汤中。18
世纪著名的细木工大师如布尔或让-弗朗索瓦·阿什
都曾使用刺檗制作细木镶嵌作品。这种木材同样也被
用来制作棋盘和棋子。

满手尽是小檗碱。

CHOCOLAT GUÉRIN-BOUTRON

Epine Vinette

CHOCOLAT FÉLIX POTIN

L'Épine-Vinette. -- Teinture pour les cuirs, Sirop fébrifug.

刺檗染的色彩牢
固，也被用在皮革上。

刺檗出海

在 17 世纪的航海药物里，
有一种内服膏药里含有刺檗的
籽，以及其他 20 多种成分，
包括鸦片。这种药膏用来治疗
痢疾、疟疾以及一些肝脏和泌
尿系统的功能紊乱症……

63

放眼一片黄澄澄

春黄菊

Anthemis tinctoria L.- 菊科

染色的洋甘菊

难道为了让染色工匠镇静？

　　春黄菊也叫染色洋甘菊，名字已自带春黄菊属 *anthemis*——意为小花，是洋甘菊的古希腊语名称。春黄菊原产西欧，在法国南部自然生长。多年生，株高60厘米，叶窄有锯齿，喜生长在路堤两旁或开阔地带，或其他石灰岩碎石间。6月至8月开金黄色菊花。

染色物质

　　春黄菊的有效染色物质是芹菜素，一种黄酮类化合物。人们通过煎熬花朵得到染剂，可以用来给先前曾用明矾媒染过的羊毛、棉和丝织品染色。这种小色染植物在土耳其种植得尤其多，主要用来染织地毯的毛线。

采集
春黄菊。

法国万寿菊

Tagetes patula L.- 菊科

印第安石竹

花园里的常客

法国万寿菊原产于中美洲和墨西哥，从当时法属西印度群岛的安的列斯群岛引进至法国，因为外形像石竹，于是法国本地的园丁们给它起了"印第安石竹"的名字。头状花序，花期从 7 月持续至霜降时节。鲜花采摘后晒干，便于保存。

小色

法国万寿菊含的色素是木樨草素。这款小色染操作方便。按贝托莱的说法，晒干的万寿菊花经过煎煮而得的染汤，用在先前没有媒染的织物上，可得到深黄色；若用在先前用明矾媒染过的织物上，则会得出微微偏绿的黄。

优点无数

万寿菊花可以食用。人们用它来制作带花香或花瓣的黄油，花瓣也可以为沙拉增色不少。

万寿菊在驱虫方面也颇有能耐：它的叶和根能散发出令虫子厌恶的气味，于是园丁们喜欢在菜园里种上万寿菊，以驱赶侵扰蔬菜作物的害虫。

万寿菊有止咳的功效，可入药。另外，爱养鸟尤其是养黄雀的人为了让鸟儿的黄色羽毛更亮丽，还会给它们喂万寿菊种子。

另一种万寿菊 *Tagetes erecta*，它的花朵在食品行业里有两大用途：万寿菊花晒干碾磨成粉，在家禽饲养业里，可以加深鸡肉和鸡蛋黄的颜色；在欧洲，万寿菊提炼得到的橙黄色食用色素 E16b 被用在各种酸醋调味汁、冰激凌和糖果中。万寿菊还可以用来提炼精油，为增加香水的芳香加入花香调。

洋葱

Allium cepa L.- 百合科

扒了它的皮

美丽的外皮

美味的鳞茎不管当主菜还是配菜，都能给人无数美食的灵感。洋葱连皮都有各种用处。一支陈年粉红葡萄酒的颜色，恰恰就是洋葱皮的颜色。onion skin paper（洋葱纸），是一种特别薄的纸张，用来保护版画、雕刻作品，等等，或者，在还有打字机的年代，用来打复写文件。鳞茎外面的红色薄膜叫膜被。在爱琴海中央的希俄斯岛上，女人们把洋葱的膜被浸在水中泡上四五天，再和明矾一起煮沸，染出来的丝绸会呈现明亮的芥末黄；若加入胭脂虫栎则会是红色。

所有带颜色的洋葱都可以用来染色。

配方，而非菜谱

人们使用洋葱的膜被或外层的肉质鳞片来染色，得出从金黄到芥末黄的颜色。将水加热至50℃左右，加入事先磨成粉末的明矾，等待几分钟之后，再将染织物浸入其中。在染汤中浸泡时间越长，颜色越浓烈，从淡黄，到深黄，再到橙黄。

亲切的墨水

有一些液体可以用来写字，写完了别人还看不见，除非作者本人或知道内情的人再用某些特殊方法才能让字迹显现。法语里，人们管这样的液体叫"encre sympathique"（亲切的墨水）。拿羽毛笔蘸柠檬汁写，就可以达到这样的效果。晾干之后，字迹遇热或遇洋葱的酸汁就会是白纸黑字了。

染色麻花头

Serratula tinctoria L. - 菊科

平凡亦低调

一种常见的植物

这种两年生植物株高从 50 厘米到 1 米不等，紫色头状花序，花期 7 月至 9 月，常见于黏土质土壤环境中自然繁殖。染色麻花头外观酷似起绒草，随遇而安，所以人们无需种植，只需收割。

简单染

把染色麻花头的叶片、叶舌和梗丢在水里一煮，橙黄色就出来了。麻花头要待十分成熟才能采集，然后晒干保存。它含的色素主要是木樨草素和槲皮素。自 19 世纪至今，染色麻花头都是染色工匠用来做黄色小色染的好材料。

1803 年，瑞典化学家亨里克·谢福尔在他的《论染色艺术》中给出了这样的配方："羊毛经过谷糠水浸渍之后，放入按一品脱水加一盎司明矾和 1/12 盎司塔塔粉的比例调好的染汤中浸泡 1 小时，取出沥水，12 小时之后，将其洗净。把染色麻花头投入冷水中，加热煮 1 小时；去除染汤中的杂质，放入洗好的羊毛，搅动，直到其染成理想的颜色。"

狄德罗在他的《百科全书》中也提到染色麻花头，明矾媒染过的织物先后经过麻花头和靛蓝染色之后，可以得到不同的绿色（灰绿、苹果绿、新绿）。

Serratula tinctoria. 653.

麻花头天生平凡无奇，却是优质的染色植物。

毛果一枝黄花

Solidago virga-aurea L. - 菊科

可靠的草药

毛果一枝黄花有个别名，叫犹太草，在中世纪，它和黄木樨草、阿维尼翁籽一道，为犹太歧视贡献强制穿着的黄色。毛果一枝黄花在法国很常见，多生长于林中空地和枯木林中。多年生草本植物，欧洲土生土长，椭圆形互生叶片，多少带些绒毛，茎底部往往呈紫红色。头状花序，开黄色花朵，在枝端排出总状花序。

简单浸染

毛果一枝黄花的主要染色成分是槲皮素。明矾媒染过的羊毛只需在黄花煎煮出来的汤剂中浸染即可。

药用植物

solidago 由拉丁语的 *Solidum* 和 *Agere* 组成，分别是"加固"和"治愈"的意思，毛果一枝黄花的药用价值可见一斑。它的确曾经被用来制作汤药，最早用于帮助伤口愈合。彼得·安德烈·马蒂奥利（1501—1577，意大利植物学家、医学家）首次在草药书籍中提到它利尿的作用："强力排尿，粉碎石子（包括肾结石）。"

亚麻叶瑞香

Daphne gnidium L. - 瑞香科

美丽毒物

来自奥克西塔尼亚

亚麻叶瑞香的法语俗名 le trentanel 其实来自奥克语（印欧语系罗曼语族的一种语言，主要通行于法国南部、意大利北部、摩纳哥以及西班牙加泰罗尼亚地区。——译注），这是一种荆棘状灌木，株高 60 厘米至 2 米不等，茎直立，叶片互生，依环境的艰苦程度，或常绿，或落叶。3 月至 10 月，茎顶部开白色小花，香气馥郁，花谢之后结卵形红色荚果，有毒，深得鸟儿喜爱。盛产于法国南部石灰质岩地和大西洋沿岸多沙地带。

注意事项

小心，所有瑞香科植物的浆果都有毒，会引起食道黏膜灼伤、剧烈头痛和痉挛，严重时可能会导致昏迷。茎皮会腐蚀皮肤，引起严重灼伤。

最后的手段

在摩洛哥和阿尔及利亚，地毯中的黄色就是由亚麻叶瑞香染得的。在法国，从中世纪至 19 世纪，亚麻叶瑞香被当作黄木樨草的替代品使用。不过，在职业安全方面，它有一个很大的缺点，它会伤害工人的眼睛。1671 年关于羊毛染色和手工行业的规定中首次提到它的危害。而狄德罗时代的其他著作，在大、小色染上都将它列为禁用品，除了在那些既没有黄木樨草和染色麻花头，也没有染料木的地区。

染色成分

亚麻叶瑞香用来染色的是枝条和初夏采集的花。和黄木樨草一样，它的染色成分是木樨草素。传统药典里，它是能起抗菌、促进愈合和杀虫作用的一味药。

马格里布的地毯上醒目的黄色。

69

番红花

Crocus sativus L.-鸢尾科

辛辣调

神话中的花朵

在罗马神话里，相传在朱诺和朱庇特相爱过的所有地方，种子遍地散布，开出的就是番红花（*safran*）。这一词来自拉丁文 *safranum*，由阿拉伯语的 za'far n 衍生而来，而 za'far n 本身又是从 a far 得来，在阿拉伯语中，a far 即是黄色。这个词也有可能出自波斯语里的 *zarparan*，其含义结合了黄金和羽毛，指的是番红花的橘红色柱头。*Crocus* 一词呢，则是来自希腊语的 krokos，意为细线。实际上，番红花是一种球茎植物在秋季里开的花的柱头。*Crocus sativus* 是长久以来人工栽培选择而得的产物，其历史始于青铜器时代希腊克里特岛。番红花的源物种应该是野生的卡莱番红花，4500 年前，人类选择突变的长雌蕊开始做人工繁殖。番红花不存在野生状态，完全靠人工栽培存在。

世界中心之法兰西

克里特岛上的米诺斯壁画创作于公元前 1700—前 1600 年，是迄今为止发现的最早对番红花的描绘。番红花的种植以小亚细亚为中心，在希腊各省和波斯相当普遍，后来渐渐地传往西方、中亚和整个北非。阿拉伯人将番红花引进西班牙，11 世纪，西班牙成为番红花最大种植国和出口国。16 世纪，番红花进入法国，第一批球茎种在了阿维尼翁，后来传播至朗格多克和

喜欢下厨做饭的人们不妨自己种番红花当香料。

昂古莫瓦（均为法国旧行省，位于法国南部。——译注）。16世纪，昂古莫瓦成为番红花重要产地："……自1520年起，阿尔比日瓦（位于法国西南塔恩省境内的一个地区。——译注）和昂古莫瓦出产的番红花足以满足高卢其他地方的需求了……"（安吉尔伯·德·马尔讷夫，16世纪法国印刷商、书商，1560）。不过，成功地将番红花种植规模化的是加迪内县（法国旧时行政区划，今法国中北部卢瓦雷省、塞纳—马恩省、埃松省、约讷省一带。——译注）布瓦内地方上的贵族老爷博尔谢尔，这一地区后来成为世界（至少欧洲）的番红花种植中心，直至20世纪初。番红花的价格在很长一段时间里都是由皮蒂维耶（卢瓦雷省市镇）的市场行情决定。架不住，1880年和1881年的寒冬摧毁了大部分的番红花球茎，加上农村人口的流失抬高了人工成本，合成色素的使用也越来越普遍，加迪内县的番红花种植业终究在1930年左右彻底衰落。

番红花种植是个技术活，花农与染色工匠相辅相成。

番红花作为异域物种，也曾经在法国被大规模种植。

番红花是亚洲传统药典里的一味药。

加迪内县出产的番红花与南法的番红花同属质量最上乘。

采摘要小心，使用很方便

番红花的花期持续 2 周至 6 周。在晴天里，采摘工作从拂晓便开始，趁着太阳还没把花晒蔫。1820 年那会儿，采摘的活儿主要由女人来完成，但小男孩是更好的人选："女人们在种植园里走动，裙边会碰坏初绽的花朵，再者，晨露浸润之下，她们的衣裙会沾上泥土，即便不把花碰坏，也会把一切都弄脏：所以这个差事让小男孩来做更好……"采摘之后，把花朵摊放在布或席子上，用指甲或小剪刀取下珍贵的柱头。由于光照会让柱头变色，干燥的过程多在避光阴凉处进行，干燥之后的柱头只剩原来重量的 20%。

权力阶级的颜色

番红花被归入小色染行列，染织物需媒染才能固色。番红花罕有的独特香气里的番红花醛，以及贡献金黄色彩的类胡萝卜素，由番红花所含的有效染素包括带苦味的番红花苦素所决定。番红花自远古时代起就被作为染料使用，能染得鲜艳的黄色。因为价格昂贵，用番红花染的布料一般只供应宗教或贵族阶层，番红花黄被视作繁荣与幸福的象征。

番红花颜料

埃及人和希伯来人用番红花给食物提香或提色，也经常在宗教节日里使用它。在雅典，专业的番红花染色工匠（crocotarii）用番红花染出来的裙子叫 crocote，是年轻的雅典姑娘在成人礼时穿着的服饰。根据希腊人的记载，在泰尔城和罗马，新娘子婚礼上穿着的黄色礼服和面纱，都是用番红花染出来的，罗马人会在宗教仪式上焚烧番红花香。

中世纪里，修道士们将番红花和蛋白混合，得到一种明黄色的颜料，可用来替代泥金装饰手抄本中使用到的金粉。而在摩洛哥南部，直到19世纪，人们依然在使用番红花涂料装饰雪松木料的天花板和堡垒的墙壁。

烹饪与药用

不要忘了番红花在美食界的能耐。番红花香气可人，是西班牙海鲜饭、普罗旺斯鱼汤和米兰煨饭里不可或缺的香料。它也是酿制查特酒（一种由法国修士发明的草本利口酒，以葡萄蒸馏酒为酒基，加以一百多种草本植物酿造而成。——译注）和依扎拉酒（又称巴斯克星酒，是一种产于法国巴斯克地区的利口酒，由十来种植物和香料酿造而成。——译注）的配料，既提色也提味。番红花也有公认的药用价值，从壮阳到对抗呼吸道疾病。现代医学将它用作舒缓、镇静的药物，著名的德拉巴尔糖浆（一种用来缓解小儿长牙引起的不适症状的糖浆。——译注）里就含有番红花。

得来一点儿可费大功夫了，然而，它是多么的美味啊！

许多宝宝都体验过番红花舒缓、镇静的功效。

·· 染色小配方 ··

中世纪时尚潮流的商品番红花橘色丝绸手绢染色配方：

- 白色丝绸手绢一块
- 番红花一小撮
- 广口瓶一只，搅拌棍一根

将番红花投入装有温水的广口瓶中，等待颜色充分在水中散开，放入手绢，用小棍轻轻搅拌，直到手绢染成想要的颜色，取出来冲洗，晾干。

简单易上手的染色配方，罗马人就是这样染就他们的结婚礼服的。

姜黄

Curcuma longa L. - 姜科

假装是番红花

印度番红花

1298 年，马可·波罗提到过他在中国发现的这种原产于印度的植物："有一种植物，它有着番红花的一切特征，一样的香气，一样的颜色，但它却不是番红花……"欧洲商人给姜黄粉起了个名字，叫 *Terra merita*（功德土）。他们把它与某种假想的赭石土做比较，发现色泽金黄的姜黄粉与这种土十分相似。在印度和东南亚，人们很早就开始种植姜黄。古代西方世界对姜黄此物也有所见闻，但直到 12 世纪，荷兰的植物学家才对其进行了细致的研究。然而在荷兰莱顿的植物园里进行的试验种植却无果而终。姜黄纯属热带多年生草本植物，生长在空气湿润的丛林边缘地带及肥沃多水的土壤中。一直以来，印度是这种用来制作香料、染料和食用色剂的根状茎的姜黄之主要出产国。

象征意义

印度教教徒把姜黄视为吉兆、多产和纯洁的象征。根据当地的风俗，婚礼时新郎要将一根用姜黄浸染过的绳子系在新娘的脖子上，或将姜黄染就的织品用作婚礼的面纱或帷幔，即是祈求生活幸福、多子多福之意。在宗教仪式上许多教徒用以点画眉心的红点"提拉克"，所使用的原料就是干姜黄混于青柠得到的kumkum粉。具有悲剧意味的是，印度教中寡妇有自焚的习俗，寡妇身披姜黄染就的纱丽，跳进葬礼上焚烧丈夫遗体的烈火之中，这一习俗一直延续至19世纪。幸好，如今这习俗已被废除。另外一个习俗是往姜黄的汤中加入牛奶这一圣洁之物，这样，两种原料搭配出来的便是纯净之源了。

终于要染色了！

姜黄的有效染色成分是姜黄素。根状茎干燥后去皮，碾磨成粉。在欧洲，这种小色染原料的用途一直被局限在将粉末加水调和用来给黄木樨草染料"镀金"或"给猩红色兑入一点时下流行的细微变化，也就是令人无法直视的火的颜色"（狄德罗，1779）。染色工匠使用姜黄的根状茎，不论是造手套还是做香料都使用它，连铸造厂给金属染色也用它。不过，使用姜黄染色最广泛的还是亚洲，他们在染丝或染棉的时候需要配合使用媒染剂明矾。

一点，足矣。

ÉDITÉ PAR LE CHOCOLAT PUPIER

TIBET — LAMASERIE

姜黄的药用

姜黄有许多药用价值，营养学医师推崇姜黄，因为它能增强机体天然抵抗力。在印度人们使用姜黄来美容以保护皮肤。

佛经主张僧人穿着金黄色僧服，要姜黄染的，而不是番红花染的。

红木

Bixa orellana L.- 红木科

色料和香料

一点植物学

小乔木或灌木，生长在美洲热带地区，叶卵形，微有光泽。粉红色的花朵开过后结出长满刺的怪异红色果子，内有多粒同为红色的种子。

胭脂树

美洲热带灌木或小乔木，树高可达 8 米，树龄可达 50 年，人称胭脂树。花粉红色，每年开两次花，花谢挂心形红色蒴果，密生深色长刺，两瓣裂，内各有种子 60 粒左右，种子外层为油脂性红色果肉，气味浓烈。染料正是这些种子经过捣碎浸泡之后得来。

奴隶种植园

今天，全世界红木年总产量在一万吨左右，拉丁美洲、加勒比海地区、非洲、印度和斯里兰卡是主要的出口地区和国家，其中巴西是最大的生产国，每年产五千吨。因为红木有着重要的经济价值，在很长一段时间里，它曾是法属安的列斯群岛和圭亚那的主要种植作物。根据拉巴神父（1663—1738，天主教多明我会传教士、植物学家、探险家）的描述，红木种子的采集一年进行两次，分别在圣约翰节（6 月 24 日）和圣诞节。人们将碾碎的种子放到大锅炉中煮至沸腾，仔细将表面形成的泡沫捞出，收集至另外一口大锅中，称"沫舟"，再交由一仆人不停地搅拌，以防止锅底和锅壁出现粘黏。这一过程得持续 12 小时，直到泡沫

浓缩成黏稠的膏状染料。接着，把熬出来的泥膏平摊在木板上，待其冷却之后加工揉制成2斤到3斤的泥块（法国古斤，见前文注释）。这一步也有讲究，正如狄德罗和达朗贝尔[让·勒朗·达朗贝尔（1717—1783），法国数学家、物理学家，因与狄德罗共同编撰《百科全书》而知名。——译注]写的那样，"黑奴……得先用新鲜的黄油和猪油搓手"，随后将泥块放至避光处阴干。运到欧洲的染料泥块一般都用植物叶片包裹，法属安的列斯产的用美人蕉叶包裹，圭亚那产的则是用香蕉叶包裹。加工工艺最上乘的地方是法属圭亚那首都卡宴，18世纪，在欧洲市场上，圭亚那产的红木染料往往比其他产区的产品要贵。

Bixa orellana L.

胭脂树的花非常美，但吸引人的是它的果实。

··奥尔良红：纯属误会··

红木的拉丁学名是 *Bixa orellana*。*orellana* 这个物种名来自西班牙探险家弗朗西斯科·德·奥雷亚纳（Francisco de Orellana）的姓氏。他与皮萨罗[弗朗西斯科·皮萨罗（1471—1541），西班牙早期殖民者，现代秘鲁首都利玛的建立者。——译注]一道，征服了印加帝国。1540年，他前往秘鲁和巴西的丛林寻找黄金和肉桂。两千名队友在这次远征中丧生，他却活了下来，并且沿河一路向东，他将这条河命名为亚马逊河，也因此名垂千古。后来，在德国，人们误把红木叫成 *Orleanstrauch*（奥尔良灌木），颠倒了几个字母，造成了一场误会……

漂亮的橙色

红木是一种小色染料，色阶覆盖橙黄到橙红，也可以染出"南京棉布"（法语 Nankin，指一种原产于南京的棉布料，通常是米黄色的。——译注）的米黄色。主要染色成分是类胡萝卜素、胭脂素和降胭脂素。优质的红木染料泥块触感柔软，色泽当鲜艳如火，若把泥块剖开，内里的颜色当比外层更亮丽。因为颜色不甚牢固，染羊毛一般不用红木染料。它一般用来染丝和棉或者亚麻。按照想要的颜色，将染料化开在温水中，浸入丝绸。浸染过后，再把丝绸在柠檬汁、醋或明矾溶液里过一遍，然后洗净（在河水中清洗）、阴干。处理棉和亚麻也是同样的步骤。准备染汤的时候，要先将染料泥切成小块，投入水里煮上一刻钟，加上重量为染料四分之三的氢氧化钾。

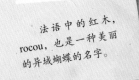

法语中的红木，rocou，也是一种美丽的异域蝴蝶的名字。

染料和药材

中美洲的印第安人很早以前就种植胭脂树做颜料用，他们用酸渣树油（大苦楝油）加以调配，用于身体彩绘，也因此得名"红皮肤"。他们也使用这种颜料来装饰陶器。红木树皮则可以用来制作缆绳。

直到今天，巴西马托格罗索的博罗罗人（分布在巴西马托格罗索州巴拉圭河上游及其支流一带的南美印第安人。——译注）外出狩猎之前依然会用这种颜料涂抹全身，以求保护自身不受邪魔侵犯。

ROCOU DE St DOMINGUE

你没料到的是：
奶酪里也有红木！

如今，胭脂树橙被用作食用色素（E160b），添加到各种食品中：人造奶油、黄油、浓汤宝、调味汁、猪肉、果酱……一些奶酪，如阿伟讷奶酪、半软荷兰干酪、车达、荷兰球形干酪，或是莱切斯特红奶酪，它们的橙红色都得归功于胭脂树橙；某些利瓦罗奶酪的外皮也是用胭脂树橙溶液洗过的。

口红、指甲油，
胭脂树入胭脂。

番红花替代品

大黄

Rheum sp. L.- 蓼科

可怕的叶子却能染出微妙的色彩差异

内行的美食家都知道

重要的话要多说一遍：制作糕点和果酱，只使用这种常绿草本植物的叶柄，其叶因含有大量草酸而致毒，不可食用。大黄原产于蒙古和中国。早在3000年前，中国人便已经开始使用大黄的根茎治疗消化系统疾病，给身体排毒。俄国人经由西伯利亚将大黄引入欧洲，丝绸之路上的布哈拉成为东西方大黄贸易的集散中心。在古代的西方，大黄被视为有着神奇疗效的稀有昂贵药品，这种情况一直持续到18世纪。250年前，一名鞑靼商人成功地弄到了大黄种子，种出了第一批大黄，之后，大黄被传到了欧洲，自此西方人的园子里才开始有了大黄的身影。然而，现今大黄昔日的光环已经退去，甚至它的烹调潜力被英国人发掘出来之后，走入了寻常百姓的厨房。

穷人的番红花

大黄的根部含有大黄酸，一种蒽醌，从中可提取出一种耐光耐洗的橙黄色素。染色时只需将染织物浸入根茎熬煮的染汤中，加以明矾做媒染，或者像西藏的染色工匠一样，加入叶子和叶柄的汁液，由此能染得一种漂亮的黄色，这与番红花染出来的颇为相像。藏民们用大黄来染僧人的黄袍和编织地毯用的丝线。

石榴

Punica granatum L. - 千屈菜科

黄出于红

多籽的植物

石榴起源于里海沿岸地区，人类从新石器时代便开始栽培石榴树，随后这一物种被引进东亚和地中海沿岸地区。公元8世纪起，阿拉伯人在西班牙南部大量种植石榴树：格兰纳达的名字即来源于此。布匿战争（公元前3世纪至公元前2世纪之间发生在古罗马与古迦太基之间的战争。——译注）期间，罗马人从迦太基引进了石榴，石榴拉丁语学名 *Punica granatum* 中 *punica* 便是来源于罗马人对腓尼基人尤其是迦太基人的称呼"布匿克斯"，*granatum* 在拉丁语中则有"种子很多"的意思。的确，石榴最多可以有400粒种子，在其他的许多文明里，它都是多子多福的象征：印度就有婚礼送石榴的风俗。

石榴树与轻骑兵

人们会用石榴果皮来染色，有时候用石榴树皮，这两个部位都含有大量的花色素苷（红）和槲皮素（黄）。使用石榴染得的颜色很牢固，耐晒耐洗。在摩洛哥和阿尔及利亚山区，人们很早以前就煮石榴汤染色，不用媒染剂，能让羊毛染上黄褐色。如果用铁媒染，会得到黄中偏灰黑的色调，在伊朗和乌兹别克斯坦的人们很喜欢这种色调，他们会用这种色调的羊毛来织地毯，柏柏尔人则用来制作帐篷。在靛蓝底色上用石榴染，可得到酒瓶绿和翡翠绿的色调。

法国人用同样的技术提取了银灰色，那是法国第三骠骑兵团制服的颜色。第三骠骑兵团在瓦尔密战役（1792年9月20日爆发于法国北部瓦尔密的一场战役，是第一次反法同盟战争的战役之一，法军在瓦尔密击退了奥普联军。——译注）和拿破仑战争［指拿破仑称帝统治法国期间（1803—1815）爆发的各场战争。——译注］中立下战功。今天，这一兵团作为德法混合旅的一支，驻扎在德国西南。

盖兰－布特龙巧克力

轻骑兵军官 1812　　轻骑兵军官 1840

1789年至今法国军队制服演变

红花

Carthamus tinctorius L. - 菊科

染色番红花

可染色，可榨油

　　红花，一年生或两年生草本植物，株高可达 1 米。野生的红花品种不能用作染料，染色红花都是原产于印度北部到地中海东岸一带的品种的变种。每年七八月是红花的花期，橘黄色的管状花，头状花序，为带刺苞片所包围，开在茎枝顶端。白色瘦果，种子含油率高，味道苦涩，可用来作食用油。

远赴中国

　　在印度和埃及，红花的种植早在远古时代（公元前 1050 年）就开始了。人们在埃及木乃伊的绷带上发现了红花的黄色素，因为红花被认为有防腐作用。红花的使用通过丝绸之路传向东方，从中亚到中国西部。从公元 3 世纪开始，红花在中国西部的土地上便占有一席之地。在宁夏，红花的种植甚至在一段时间占用了一半耕地，致使粮食减产，以至于朝廷不得不在 1292 年以一纸命令禁红，要求以庄稼种植取代红花。随着穆斯林人口的增长，红花被引进北非，从那里跨越直布罗陀海峡，进入西班牙、法国和意大利，进而传播至中欧并扎下根来，直到 19 世纪，红花一直是重要的油料作物。

　　红花在法国多为野生，在别处却有着相当悠久的种植历史。

带刺的植物，却爬上了
俏丽的祖母们温柔的脸颊。

祖母脸颊上的红晕

直至 19 世纪末，法国的红花种植业大
部分集中在南部、阿尔萨斯和里昂周边
地区。红花替代过于昂贵的番红花，用
作纺织品染料和食用色素。它在里昂的丝
绸产业中地位尤为重要，玫瑰色或者
其他一些典雅的色调，比如车厘
子色、丽春红、桃红、珠光橘，
都得用红花做主要染料。它在美
容产品里也有大量应用，口红，还
有传说中的"西班牙朱红"——一
种腮红，祖母们爱用的蜜粉，都得
益于红花的颜色。

制作染料

整株红花可用来染色的只有花朵部分。七八月是
采花季，干活的一般是妇女和儿童，得趁着天气干燥
时采集，否则湿气会让花朵变黑。采来的花先要晾上
几天，把水分晾干，然后装进袋子里避光保存，以免
破坏染色成分。在法国的红花种植形成规模之前，红
花得从埃及进口，还得用柳条筐保护起来，以免花朵

挤压在一起。

红花的用处，在于它的红色素。而制作染料的难处，在于去除不耐光的黄色素！把花朵装进麻袋里，放入大水槽中浸渍，然后反复淘洗，用手挤压或脚踩踏，直至本来是黄色的花朵变成红色的，这一艰辛的过程往往很长，需要持续 24 小时。

水池底部有洞，可将黄色素排出。随后，工人将去除了黄色素的红花放置到另外的大水槽中，加入碱或草木灰（1 古斤花加 50 克草木灰），再进行踩踏。他们得穿上靴子，毕竟这些物质都有相当的毒性……三四小时之后，黄色素的过滤就完成了，得到的是红色的染汤。

染色方法

接着就该"赶色"了，也就是说往染汤中加入柠

干燥过的红花。

·· 红花与日本 ··

在日本，红花是艺妓和能剧演员所使用的化妆品的成分之一，也是木版画的颜料。在很长一段时间里，日本太阳旗上的红色就是用红花染得，这一官方制作法一直沿用至 1986 年。在亚洲的其他地方，红花也是丝绸业里不可或缺的染料，直到今天，佛教僧人依然用它替代番红花或赭石来染袈裟。

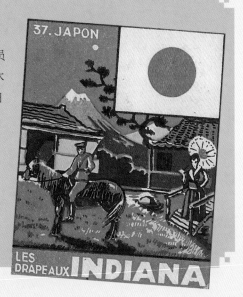

檬汁，把色彩的分子往纤维上赶："当泡沫呈浅红色，发紫的红，就表明染汤里的酸含量够多了。"（《论染色艺术》，亨里克·谢福尔，1853）作为染料，红花最大的优点就是无需媒染剂，且可以冷染。将丝绸、棉，或亚麻的线，或织物直接浸入冷的染汤中，搅拌，直至获得想要的颜色。不过，无论是色泽深浅或何种色调，想要获得细微的颜色差异，都必须经过好几种染汤的浸渍。这一过程导致染色成本昂贵，因此只用来染优质的织物，比如丝绸，或者用于隆重场合使用的织物。

染色成分

红花属于小色类染料，红花染出的颜色经不起肥皂水洗涤，也不能长期在阳光下暴晒，但由于红花染一般都很出彩，因此还是被广泛使用。红花的染色成分有若干种：红花黄色素 A 和 B，以及最主要的红色素红花甙。染色工匠千辛万苦所要寻找的红色便来自这种红花甙。他们的技艺在于把黄色素从红色素中分离并剔除，因为真正让他们感兴趣的是获取能染出"红花红""植物红"或"红花粉"的红花甙。红花的黄色素含量（25%—36%）比红色素（0.6%）要高很多，这也是红花染料价格高的原因。红花的黄不耐光，往往被用作染色的底色。

屡试不爽

捕鸟人喜欢用红花籽来诱鸟，鹦鹉最经不起诱惑。

染色茜草

Rubia tinctorum L. - 茜草科

用茜草，颜色好

一点植物学

多年生植物，攀缘茎条长1米至1.5米不等。叶片上长有小刺，令其可附着在周围环境中攀缘生长。开淡黄色花朵，花期6月至7月。根状茎可达50厘米长。

爱攀附的植物

染色茜草是一种多年生植物，有强大的根状茎。它的匍匐茎或攀缘茎可达 1 米到 1.5 米长，叶片轮生，叶缘和叶脉处长有小刺，令其可攀附生长。开淡黄色花朵，后结黑色浆果，大小如豌豆，在 9 月成熟。

··从"茜草"到"担保"··

加洛林王朝（公元 8—10 世纪统治法兰克王国的王朝。——译注）时期，人们将这种植物命名为 *warantia*。后来，w 演变成了 g，*warantia* 也变成了 garantia，最终变成了 garance——法语里的茜草一词。这也是法语里 garant（担保人）和 garantie（担保、保障）等词的来源，因为茜草的价格由国家拟定和操控。

始于远古时代的茜草种植

染色茜草原产于中、西亚和东欧。通过人工种植，在气候温和的地带传播开来。它的种植历史可追溯至公元前3世纪，在印度和中国，考古出土的文物中均发现了茜草的残存物质。埃及人在公元前1500年开始种植染色茜草：法老图坦卡蒙的墓穴里就发现了茜草染的布料。

罗马建筑师维特鲁威（公元前1世纪）曾经提及染色茜草在紫红色调绘画颜料的使用。作家、博物学家普林尼在他的《自然史》中写道，染色茜草是穷人的作物，他们依靠茜草获得相当大的利润，这种植物的根被用来染羊毛和皮革。古罗马时期的医生和药理学家迪奥科里斯（40—90）对托斯卡纳地区尤其是锡耶纳出产的染色茜草给予了很高的评价。根据他的说法，染色茜草几乎在意大利各个省份都有种植。不过，这种植物却不是想种就能种的，它需要肥沃疏松的土壤。

染色茜草，是为阿维尼翁带来财富的三种植物之一。

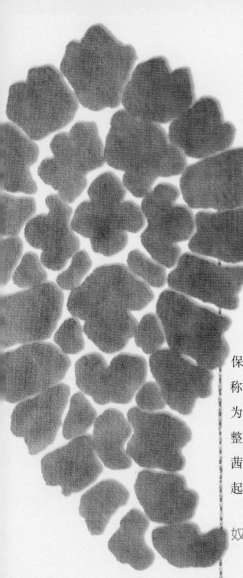

染色茜草在法国

查理大帝在 812 年颁发的《庄园法典》里对两种染色植物的相关产业做了规定，其中一种就是染色茜草。染色茜草的种植在法国一直持续到 16 世纪，后来因为宗教战争而荒废，就这样，法国人将茜草种植和交易的头把交椅拱手让给了荷兰人。

18 世纪，染色茜草在法国重振雄风，带动的还有整个普罗旺斯地区的染色业。彼时荷兰人已经垄断了这个产业，而路易十五颁布法令，保护本土产业，凡所有在干涸的沼泽地（奥克语里称 palud）上种植染色茜草者，将获得税收减免。同时，为避免土地遭受水灾染上鼠疫，人们修堤筑坝，使得整个中世纪期间土地得到了净化。许多大规模的染色茜草生产中心在沃克吕兹省的索尔格周边迅速发展起来。

奴隶的功劳

真正的行家是让·阿尔唐（1710—1774）。这位亚美尼亚农学家，真名叫霍瓦奈斯·阿尔图尼昂。在全家被奥斯曼人屠杀之后，他成功出逃，不料在黑海南部被阿拉伯人俘获，当奴隶给卖了。在小亚细亚当俘虏的 15 年间，他一直在种植染色茜草。终于有一天他成功地逃到了伊兹密尔港，求得法国领事的庇护。他的学识令法国领事赞叹不已。法国大使得知此事，准许他前往法国避难，但要答应一个条件，他得携带染色茜草的种子。而这在当时的奥斯曼帝国可是死罪！ 1736 年，他抵达法国，几经波折，1756 年，他在阿维尼翁获得了一片土地 10 年的使用权。首个茜草园在科蒙的瓦斯洛庄园问世。首批收获成果喜人，但其产量却不足。路易十五的财政总长贝尔丹深谙这种植物的价值，设法从伊兹密尔弄来了一担（约为100公斤。——译注）种子。

自1770年起，从佩尔纳到蒙特（均为沃克吕兹省市镇。——译注），人们纷纷把沼泽地变成茜草园，而且所有的种植园主均能得到免费的茜草种子。一时间染色茜草风靡各地！1772年，茜草的产量已能满足奥朗日的印花棉布行业的用量。无奈阿尔唐不善经营，后来被合伙人抛弃。1774年，他在穷困潦倒中离世。1830年，沼泽地村脱离蒙特镇的管辖，村民们就把自己的新城镇取名为阿尔唐代帕吕德（Althen-des-Paluds，Althen即让·阿尔唐的姓氏，palud为奥克语中的沼泽地，音译帕吕德。——译注）以此向他致以崇高的敬意。1847年，人们在阿维尼翁的多姆岩角为让·阿尔唐立了一尊雕像。

收割，准备染色

染色茜草需要土壤层深的肥沃土地。为此，种植者们第一次用上了种子榨油之后剩下的油渣，马赛的炼油厂的废弃物成了肥料。成熟种子的采集在9月进行，人们用长柄镰刀把茜草丛割下，放在布上，用小木棍抽打，将掉下的种子收集起来装在袋子里，挂

处理得当的染色茜草可以给红棕色调带来无数的可能。

红色系里经常用到的样品卡。

89

士兵的裤子是用茜草染红的，不止一个士兵因为这扎眼的红丧了命。

On prend en un geste coquet
Le cœur du soldat, son bouquet.

在高处，因为家鼠、田鼠都喜欢吃这些种子。等到十一二月再来播种。种下三年，茜草根部已富含染色成分，此时就可挖取了，一般也是在 9 月进行。

挖掘茜草根的雇工出售他们的劳力，工具是三齿的钉耙。将挖出来的茜草根晾在草地上，任其自然晒干或风干，随后将其转移至阁楼或厂棚里，继续平摊阴干。最后才把它放到干燥箱干燥：茜草根含黏稠的汁液，很难完全干燥。干燥箱可以去除茜草中占重量八分之一的最后的水分。完成干燥的茜草根被打包装进帆布袋中，运至沃克吕兹，在那里用连枷敲打捣碎，以去除表皮、须根和附着的土壤——统称为"皮"，就这样，茜草被"去了皮"。

世界驰名

干燥的茜草根被送至磨坊。1839 年，整个沃克吕兹省有 50 座专门加工茜草的磨坊。人们加工茜草，或将茜草根置于橡木臼中，用木夯捣碎，或用石磨碾成粉。其粉末味道浓烈，富含油质，用手指摩挲有稠腻感。存放的时间长了，粉会结块，变成一坨一坨的。装桶之前，质检员会检查茜草粉的质量。粉末可在桶里保存三至四年之久，甚至，在避光保存的条件下，会越陈越醇。

法国茜草在 19 世纪迎来黄金时代，它的质量优于荷兰产的茜草。光是科蒙、昂特艾格、蒙特、佩尔纳和莱托几个镇子就包办了全世界 65% 的产量。法国厂家的高明之处，在于他们能够调配不同种类的茜草粉末和不同色阶，满足买家的需求。产品大部分被发往鲁昂的彩棉布厂，近三分之一被出口至英格兰、瑞士、普鲁士甚至美国。

染色成分及使用方法

　　染色茜草根提取出来的红色素就是茜草素。实际上，茜草的根里含有 19 种蒽醌衍生物，以茜草素为首。根越老，包含的色素种类越多，第一年，茜草根里只有四种色素。如果把茜草根粉和动物的食物混合喂动物，它会将动物的骨头染红，因为茜草素跟磷酸钙结合，可以很轻易地附着在骨头上。

　　可惜，用在植物上就没那么简单了：只有经过明矾和塔塔粉媒染之后的纤维才能牢牢吸住茜草红。染羊毛的话，要先在媒染剂中浸泡两小时，然后放入"热得足够烫手"的染汤中浸泡一小时，无需再升温。此法可染得牢固的漂亮红色，这种红毛呢很长一段时间里被大量用在军装中。如果染汤温度过高，色调会转向棕褐，偏砖红，发暗。在谷糠水或肥皂水里过一遍就可以去掉棕褐色调。

　　茜草也经常被用来染印花棉布，但很少用来染丝绸，人们多用胭脂虫作为丝绸染料，因为颜色更鲜艳一些。1868 年，合成茜草素的技术已经成熟。经过一番你追我赶，巴斯夫公司（一家创立于 1865 年的德国化学公司，早期以生产颜料为主。——译注）的两位德国化学家，比另一支进行同一研发的英国团队早一天提出了专利申请。从那时起，茜草素实现了人工合成，成本仅为从天然茜草中提取成本的一半。茜草价格一落千丈。到了 1880 年，所有的茜草园都消失了。同一时期，根瘤蚜病虫害侵蚀葡萄园，摧毁了普罗旺斯农业第二大支柱产业，给经济带来了灾难性打击。不过，这又是另外一段故事了。

土黄色的制服替代了茜草红，可算不那么扎眼了。

和许多染色植物一样，茜草在绘画界也大有作为。

91

同为茜草科

野茜草

Rubia peregrina L.

大旅行家

野茜草是染色茜草的近邻,个头更大些,茎粗壮,披针形叶片可达10厘米长。匍匐蔓生植物,长可达2.5米,攀附周围植物生长。开黄色花朵,花期6月至9月。野茜草利用自己的浆果传播种子,这些果子被动物食用,通过其粪便分散到各处,或者依靠成串的浆果附着到动物的皮毛上来传播。野茜草生长在地中海周边的欧洲国家和马格里布国家,它是冬青栎的好伙伴,甚至在海拔1300米以上的地区都能看见它的身影。野茜草同时也在大西洋海洋性气候的地区(法国西部、西南部、英国南部和爱尔兰南部)生长。秋天,浆果成熟之后,就可以挖取野茜草根,将它碾碎,磨成粉。与染色茜草不同的是,野茜草的根里所含的茜草素很少,但它含有更多红紫素,染出来的红色偏玫红色调。多用于手工染色。

香车叶草

Galium odoratum L.

香气略浓

小株植物,多年生,喜灌木丛中凉爽庇荫处,植株有香气,5月至6月间开白色花朵,多见于海拔900米至1900米地带。根含茜草素和红紫素。关于香车叶草根的使用自9世纪起就有记载,它不仅被用于红色染料，也因为它利心利肝的功效而入药。据说，法兰西国王路易九世正是依靠这种可爱的植物保持其生命活力。

晒干的花球和叶子是制作香包的理想原料，其包含的香豆素可以让衣橱保持芳香，驱赶蛀虫。奶牛若吃了香车叶草，下的奶也会带草香。在法国的阿尔萨斯，洛林、比利时和卢森堡，人们会在 5 月里把采集来的新鲜香车叶草花浸泡在上好的"雷司令"中，加入切块的橙子和糖，这就是 *maitränk* 酒，又名五月酒。当然，酒虽好喝，也莫贪杯。

染色车叶草

Asperula tinctoria L.

被驯服的粗草

拉丁语 *aspr* 意为粗糙，暗指车叶草硬直的毛。染色车叶草的名字得于由它的根提取的红色染料，常见于欧洲各地干燥的草坪和多石块的石灰质土壤中。花期 6 月至 7 月，白色小花不起眼，却很好认，因为它的三瓣花在茜草科植物里甚是少见。它的主要染色成分是茜草素和红紫素。

粗糙多毛，却能染出精妙的色彩。

染料沙戟

Chrozophora tinctoria L. - 大戟科

低调而绚丽

石蕊试纸的颜色

还记得化学课上遇酸变红遇碱变蓝的石蕊试纸吗？它的颜色就来自一种叫染料沙戟的小株植物，又名染料巴豆。原产于秘鲁，17世纪被引进西班牙，并在地中海沿岸干燥多石的地区广泛传播。法国境内现多见于普罗旺斯、朗格多克和科西嘉。一年生大戟科，株高10—40厘米，灰绿色枝叶，夏季枝端开出黄色花朵。

种植与提取

从采集来的新鲜沙戟茎枝中可提取含主要染色成分苔红素的汁液。这种不太稳定的染料往往由小色染的染色工匠使用，能染出一种叫"朗格多克蓝"的色调。从热沃当（法国旧省，大致是今天法国南部的洛泽尔省。——译注）到普罗旺斯，人们最早是在野外采集染料沙戟，后来，种植业在尼姆附近的加拉尔格地区兴起。收割时间有了明确规定，一般是在收割小麦之后，从7月25日到9月8日。收割时的天气甚是重要：得趁着烈日炙烤、北风或西北风大作的时候收割。用来碾轧沙戟的压榨机与压榨橄榄的机器别无二致，压榨完毕，取出沙戟，放入吕奈尔产的灯芯草包中，再次进行压榨，以提取汁液。然后加入人的尿液（按一钵尿兑30钵沙戟汁的比例），装进木桶中保存。

加拉尔格的麻布

接下来该女工们出场了。她们开始染制产自蒙彼利埃的粗糙、耐洗不变白的大麻纤维布料。她们准备好这种大麻布，摞几张到小木桶里，倒入一钵此前压榨的染料沙戟液，用肥皂涂擦麻布，以便使沙戟液充分浸润。接着，捞出麻布，挂到太阳底下晾干，之后叠放收起。这还没完……往一个池子里倒入30钵此前一个月里收集来的人的尿液，加入生石灰和明矾，池子上铺好芦苇，将晒干的麻布平摊在上面，再盖上一张大布，保持24小时，中间麻布要翻面数次，以便麻布的两面都充分接触到蒸气，以保证能熏出蓝紫色。由于供不应求，有时人们也会用牛或骡子的粪便替代尿液，但这样的工序操作起来成功系数略小。

小时候上过化学课的对石蕊试纸肯定都不陌生。在美食领域，糖面包蓝紫色的包装纸也是用石蕊染的。

买卖

蒙彼利埃的商人买入这些麻布，通过赛特、马赛或艾格莫尔特的港口发往荷兰。到达目的地之后，这些麻布就进了磨坊，加以苏打，被研磨成粉，再塑成四棱小柱体。经过干燥，这些蓝紫色的易碎小柱体就以石蕊之名在商店里出售了。

荷兰人用染料沙戟给奶酪外层披上一种偏紫的红色。染料沙戟作为食用色素，后来逐渐被红木所代替。

胭脂虫栎

Quercus coccifera L. -壳斗科

又是一个多刺的主

名字的故事

　　这种小灌木株高1米至3米不等，叶片正反面皆呈现有光泽的绿色，带刺。花朵呈柔荑花序，泛黄，结肥硕的蛋形栎实，外有鳞片状带刺壳斗。胭脂虫栎耐干旱，它广泛分布在地中海盆地石灰质土壤和丛林地带，如西班牙、北非、中东等。法国境内常见于普罗旺斯和朗格多克-鲁西永。

　　法语中，胭脂虫栎的名字 chêne kermès 取自寄生在栎树上的胭脂虫—— *kermes vermilio*，这种虫能够制备出珍贵的胭脂红色素。胭脂虫的阿拉伯名 *al-girmiz* 传入西班牙，变成了西语中的 *alkermes*，也衍化出法语中的形容词 carmin（胭脂红）、cramoisi（深红）。林奈 [卡尔·冯·林奈（Carl von Linné，1707—1778），瑞典植物学家、动物学家和医生，奠定了现代生物学命名二名法的基础，是现代生物分类学之父。在植物学中，用 L. 来表明该植物由林奈命名。——译注] 参照虫子的名字，则给它起了 *Quercus coccifera* 这个拉丁学名：载着胭脂虫的栎树。这种虫子还有好多别名，*vermeu*、*vermet*、*vermerlhon*、*grana*……当时，人们以为胭脂虫是一种蠕虫，才有了 *ver*（ver 在法语中即为蠕虫之意。——译注）这个前缀以及朱红一词 *vermillon*。至于 *grana* 这个名字，多半指胭脂虫圆滚滚像谷粒一样的身形。

种植与采集

胭脂虫的采集带来了经济效益，官方针对采集活动制定了规则来统一管理。市场上买卖的胭脂虫被叫作"猩红虫"。18 世纪，法国胭脂虫遭遇墨西哥胭脂虫的竞争。墨西哥胭脂虫寄生在仙人掌上，在仙人掌园里完成养殖和收集，成本相对低。而胭脂虫栎从来没有形成有规模的种植，除了 19 世纪 20 年代在阿尔及利亚有过的几次尝试，也很快遭放弃。尽管本土产量可观，1856 年，法国依然从西班牙和阿尔及利亚进口了 22 吨胭脂虫，或桶装或箱装，重量不一，从马赛港入境。作为货品的胭脂虫品质也不一：普罗旺斯产的胭脂虫在研钵里研磨可得到红色粉末，不好过筛，名气却最大；西班牙的胭脂虫扁平干瘪，尘土少，很好研磨，价格便宜，但质量稍逊。不厚道的商人们会毫不含糊地把两种混合起来，以求利润最大化……时至今日，胭

脂虫在法国已是相当罕见，多半是森林火灾和使用农用杀虫剂的缘故。

收获

　　胭脂虫栎上住着胭脂虫全家，不过人们只采集身怀大量虫卵的雌虫，死的活的都可以。1827 年，人们是这么说胭脂虫的（《新工艺及工业贸易经济通用词典》）："在它的肚子下方……有将近 2000 颗球形小颗粒，那就是虫卵，个头是罂粟籽的一半，卵内充满红色液体。"

　　胭脂虫的采集历史可追溯至古代，收获季节从 5 月中旬开始，下地的是穷人家的女人和孩子，报酬虽微薄，却是家庭的重要收入。要抠下枝丫上一动不动的、身长 6 毫米—8 毫米的雌虫，得留长指甲。

　　收获季节里的胭脂虫变得浑圆，状如豌豆，身上披着一层薄薄的白色尘土。

　　这部词典里记载道："她们起早贪黑，手持灯笼，捧一只亮釉陶钵，赶在日出之前，用手指将枝丫上的胭脂虫采下，这个时间段最为合适。原因其一，带刺的胭脂虫栎叶子被晨露软化，不那么妨碍采集；其二，此时段胭脂虫重量最有优势，或许是因为还未被阳光晒干，或许因为

·· 胭脂虫的繁殖周期 ··

春末，若虫破卵而出，扩散到寄主栎树枝干各处。一周之后，它们各自选择了定居点，口针一扎，从此不再挪动。这一时期，雌雄若虫看起来无差别，椭圆，亮红，如大头针头大小，背面有白色刺毛。从夏到冬的这段时间里，若虫的雌雄特征开始显现。雌若虫身形变胖变圆，而雄虫会把自己裹在白色的小茧里，藏在叶片底下。到了来年春天，4月末的时候，雌虫体形达到成虫水平，雄虫也从茧里出来了。交配之后，雌虫能够产下的虫卵最多可达6500粒。雌虫腹部有个类似口袋一样的东西，产下的卵就在里面，而它本身很快会死亡、干枯，但躯壳会继续保护虫卵直至其孵化。胭脂虫的采集就要赶在虫卵孵化之前进行。

在热带的非洲或南美洲，人们在仙人掌种植园里繁育胭脂虫。

还没太多若虫在高温催促下破卵而出……然而，也能看到勇敢的妇人们白天下地采集，但颇为少见。"

60只到80只虫子才能换来1克颜料。按照某些说法，采集工一天下来能采得1公斤胭脂虫，相当于10克到15克纯色素。

收成之后

胭脂虫买家必须赶在虫卵孵化之前抢先行动。为了将若虫扼杀在虫卵中，人们把虫卵倒进装满醋的木

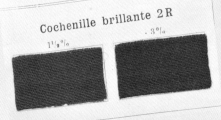

Noms des colorants

Cochenille brillante 2R

$1^1/_9\%$ $.3\%$

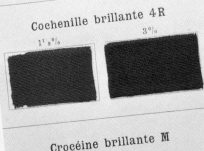

Cochenille brillante 4R

$1^1/_9\%$ 3%

Crocéine brillante M

$1^1/_9\%$ 3%

胭脂虫的回归

胭脂虫红也被用作食用色素；因为绿色天然的属性，它又日渐回归到我们的食物里。

桶里浸泡 10 至 12 小时，再捞出来摊在帆布上，放在日光下晾晒。胭脂虫会呈现光滑发亮的表面，散发出一股刺鼻的气味，体内含的则是昆虫残骸和虫卵的混合物，经过研磨，便得到染色工匠使用的红虫粉。

染色成分和使用

胭脂虫所含的色素是胭脂红酸，它们通过分泌这种物质保护自己不被捕食。要染出漂亮的颜色，几乎得用跟染织物同等重量的虫子做染料。染织物要先在清水里煮半个小时，然后，在水中加入 4 斤明矾和 2 斤塔塔粉，再煮两个小时。之后，把染织物捞出放到凉快的地方，让水分慢慢沥掉，这一过程要用 4 天至 6 天。制作染汤时，要按每斤（法国古斤，见前文注释）织物 360 克胭脂虫的比例加入温水配制，放入织物煮 1 小时后，捞起沥掉染汤。最后再用清水冲洗（此为狄德罗和达朗贝尔所编《百科全书》之描述）。若用茜草和胭脂虫染料对半混合，这样可以大大降低成本。

在摩西时代，胭脂虫在中东非常流行，人们管它叫 jola。希腊作家提到过一种应用广泛的红色，由猩红虫得来，价格没有用骨螺染得的绛

·· 法国猩红与威尼斯猩红 ··

13世纪，蒙彼利埃最发达的工业是猩红色呢的制呢业。蒙彼利埃的猩红呢出口整个欧洲，远销东方，换来丝绸、香料和香水。然而，宗教战争让蒙彼利埃遭严重损毁，竞争对手威尼斯趁机上位，威尼斯猩红呢就这样取代了法国猩红呢的地位。

红色那么高不可攀。罗马人统治的时候，这种红颜料是贡品。公元1世纪，普林尼提到这种染料，用的是 *coccigranum* 的字眼，并且指出绛红色为这一物质染得。到了9世纪，因为配方失传，人们不再使用骨螺染色，转而用猩红虫来获取这一备受贵族阶级和宗教人士青睐的颜色。1464年，君士坦丁堡陷落，坚守骨螺染色工艺的最后城池不复存在，教宗保禄二世决定用胭脂虫替代骨螺作为红衣主教服饰的染料。很快地，随着美洲大陆的发现，欧洲流行起了火红色，胭脂虫作为唯一能染得鲜红色调的染料开始四处传播。16世纪，柯尔贝在他的行规中将胭脂虫列为"大色、质优色"。

在很长一段时间里，红色一直是权力阶级才能享用的颜色，主教身着象征权力的红衣也在情理之中。

巴西红木

伯南布克

Caesalpinia echinata Lam. - 豆科

异域之木

巴西的诞生

在中世纪，brésil 一词指的是一种产自美洲的、颜色如火炭的木材，最早由威尼斯人带入欧洲。1500年4月22日，佩德罗·阿尔瓦雷斯·卡布拉尔以葡萄牙王国之名在南美洲圈了一片地，其中有一处森林覆盖的山丘颇为壮观。他将这片地命名为"Terra da Vera Cruz"（圣十字架之地）。乍一看，这片新大陆并没有令欧洲人垂涎的东西：既无金也无银……但人们注意到那里有一种类似火炭色木材的物种。正是这一宝贵资源后来引发了众多的远征、殖民以及葡法荷之间的战争。1503年，法国诺曼底港口城镇迪耶普和翁夫勒的水手带着买卖红木的目的，不顾海盗和葡萄牙人的航船，冒险登上了这片新大陆。红木贸易如此发达，以至于 brésil 取代旧名，成了新国家的名字——巴西。

起源和开发

Brésil 一词所指的树有好几种，受赞誉最高的是巴西红木。这种树原产于巴西东北及整个大西洋森林带直至里约热内卢湾，是巴西的国树。人们用它的原产地即巴西东北这一省份的名字 Pernambouc（伯南布克）来给它命名。法国博物学家德拉马克在他的《植物辞典》里描述道："此种树树干粗壮，树体十分高大，棕褐色树皮表面短刺分布……红色芯材外包裹着一层厚厚的边材……"

印第安人砍完树，将之锯成一到两米的木段发往港口，从那里运往欧洲。到达欧洲之后，人们去除树皮和边材，将红色芯材削成木屑甚至磨成粉。再将红色木粉投入热的明矾溶液里，静待其形成沉淀，取出晒干，小心收集，就可以得到红色的染料了。

如何使用

巴西红木的染色成分是巴西红木素，1808 年由谢弗勒尔成功分离并命名。它是一种非常重要的染料，因为使用它染得的颜色与使用价格昂贵的胭脂虫染色很相近。但它却没能进入大色染的行列，因为用它染得的色彩并不牢固。使用巴西红木染色的织物得事先媒染。染汤呈现一种红丁香色（或淡红葡萄酒的颜色），晒干之后变成玫红色。加入明矾可使其更红；加入钾碱可使其呈绛红色；醋酸铅使其呈淡紫丁香色；加入碱能得到桃花的颜色；而硫酸铁能使色调转向灰紫。这些颇值得玩味的色彩，同样被用在手套制造业中。

1530 年，巴西红木已不能满足新大陆经济发展的需求。葡萄牙国王若昂三世将大片大片的土地许诺给移民，强令发展甘蔗种植业。1550 年，第一批非洲黑奴抵达巴西……

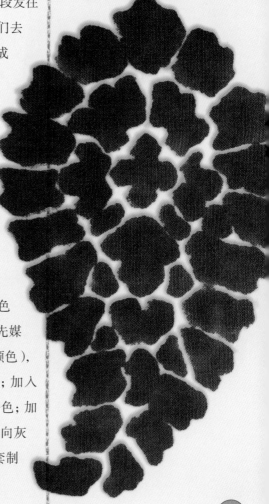

155 PAGANINI

伯南布克也见识
过赋格的艺术。

用巴西红木粉、阿拉伯
树胶溶液和起固定颜色作用
的明矾一起调配，得到一种
透明的红色制剂，可做墨水
或绘画颜料。

濒临灭绝的物种

伯南布克的木质非常致密（1200 公斤 / 立方米，比橡木密度高两倍），又颇有弹性，是制作小提琴、大提琴和低音提琴琴弓的理想木料。然而，时下全世界生产的琴弓里不到 10% 是用巴西红木制作的。2007 年，海牙《濒危野生动植物种贸易公约》将其列入保护物种的名录中。收入名录不意味着完全禁止贸易，但会严格管理监控。所有交易都要求出口商和进口商持有证书，保证木材出自符合可持续发展标准的种植园。为了腾出田地来种甘蔗和咖啡豆，生产"绿色石油"（指燃料乙醇，由富含糖类的农作物如甘蔗、玉米等酿制产生。——译注），巴西森林遭受着严重破坏。尽管自 1975 年起，就有不少重新种植的计划一直在实施中，但与巴西红木被大量开发利用之前的时期相比，如今的保有量不足当时的 10%。

日本的巴西红木或苏木

Caesalpinia sappan L. - 豆科

亚洲的巴西红木

自中世纪起，到发现美洲大陆之前，欧洲人用的是这种苏木。它原产自南亚和马来群岛，通过频繁的贸易传至波斯，传入欧洲。苏木芯材的红色比巴西红木要淡。除了用作染料，它也有重要的药用价值，苏木汤剂有抗菌、抗凝血的效用。苏木染料也被运用在藤编制品上。

采木

Haematoxylum brasiletto L. - 豆科

木质细腻

原产于中美洲墨西哥下加利福尼亚州至哥伦比亚北部一带,小灌木或小乔木,株高最高可达 12 米。亮橙色的芯材接触空气后会变红至暗红。采木的木质与巴西红木一样致密,手工艺人喜欢用采木,因为它质地细腻、纹理不规则,可以打磨出漂亮的光泽。不过,它只被种来……当树篱!

小叶紫檀

Pterocarpus santalinus L. - 豆科

另一种檀木

切勿将这种原产于印度的植物与檀香树(*Santalum album*- 檀香科)相混淆,檀香树以香气著称,多用来制作可焚烧的香。小叶紫檀芯材呈浓烈的橙棕色,富含单宁,极受细木工匠追捧,见光后芯材的颜色会变暗,甚至接近黑色。19 世纪 30 年代,埃尔博夫和色当的制呢厂采用小叶紫檀磨成的粉末来染法军制服,染出了"法国蓝"。毛呢料先用靛蓝打底,然后放入用小叶紫檀、洋苏木和栎瘿配制的染汤煮上好几个小时,最后加入绿矾,降低颜色亮度。

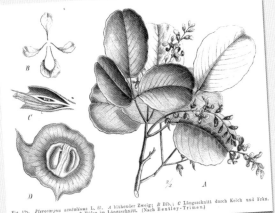

Fig. 128. *Pterocarpus santalinus* L. Bl. A blühender Zweig; B Bth.; C Längsschnitt durch Kelch und Frkn. D Hülse im Längsschnitt. (Nach Bentley-Trimen.)

染色茜草包办红色,小叶紫檀负责蓝色,军服装备好,士兵们可以上战场了。

LA CAVALERIE FRANÇAISE À LA BATAILLE DE SEDAN.

染色朱草

Alkanna tinctoria Tausch ou Anchusa tinctoria L.- 紫草科

低调的精致

一株低调的草

多年生小株植物，低矮，多毛，常见于地中海沿岸多沙石地带，呈环形丛生。花期 4 月至 6 月，花朵最初为紫色，后渐渐变蓝。

加以公牛的油脂

染色朱草在地中海沿岸一带、中欧、拉普兰（瑞典旧省，是瑞典历史上面积最大的省份，位于东北部。——译注）、西伯利亚（似乎是开黄色花朵的另一个品种）、日本和印度都被人们所使用。拉丁学名中的 *alkanna* 和法语名 orcanette 有着同样的词源：阿拉伯语里的 al-hinna，即散沫花，因为两者颇为相似。在阿拉伯穆斯林的世界里，染色朱草早有应用，它的美容功用早在古代便有记载。在法老的年代，人们将染色朱草与寺庙里饲养的公牛的前蹄油脂混合在一起，这样的油脂可以保存一年左右。使用朱草根染了色，又加上香料，因它与血液非常相似，所以被赋予重要的象征价值。香脂也被用来制作蜡烛,照亮神殿。染色朱草的根含有红色素，应用在染色工艺上，可染出极美的紫色调，但也极易褪色。染色朱草在纺织品染色行业应用广泛,随着时尚潮流的改变,不断地出现又消失。

优雅却短暂

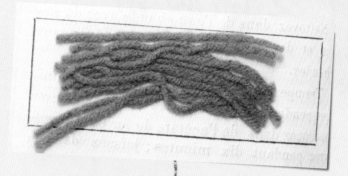

染色朱草的根含有染色成分，一般在秋天采集。那是一种萘醌，起主要作用的成分是紫草素。染织物必须事先用明矾媒染，才可染得从丁香色到紫色之间的各种颜色。因为染出来的颜色容易褪去，人们似乎没有停止过采用其他材质或辅料帮助固色的尝试。把明矾媒染过的染织物投入染色朱草根的汁液中浸泡，再放到加了草木灰或其他物质的汤里。依照每个步骤浸泡时间的长短和水温高低，可以染得从紫红到紫黑之间的不同色彩。这些颜色非常华美，染色成本也相当昂贵，但偏偏见光易褪。所以染色朱草被列入小色染的行列。19世纪30年代里，染色朱草染料特别抢手，因为当时时兴紫色印花棉布。

威廉·亨利·铂金（1838—1907），英国化学家。

染料革命，纯属无心插柳

1856年，18岁的威廉·亨利·铂金正在进行着合成奎宁的研究，在一项实验之后，他无意中发现了苯胺紫。这是人类史上首个人工合成的染料。铂金申请了专利，在伦敦附近的格林福德创办了合成染料厂，染色朱草从此彻底告别了工业舞台。

英国政府发行了苯胺紫印刷的邮票向威廉·亨利·铂金爵士致敬。

各种浆果

欧洲越橘

Vaccinium myrtillus L. - 杜鹃花科

可爱的浆果

染色工匠的黑脸果

欧洲越橘又称黑脸果、山桑子、木葡萄、黑果越橘，人们用它来制作无比美味的蛋挞、果酱、糖浆、冰激凌、果茶、烧酒、利口酒，甚至当佐料。多年生落叶半灌木，生命力强，株高 20 厘米至 80 厘米不等，椭圆形小叶片，带锯齿；花小，铃铛状，淡粉色，4 月至 7 月间开，后结绿色浆果，至 8 月中成熟时变黑色，果子又酸又甜，具收敛性。欧洲越橘原产于欧洲和亚洲，法国多见野生，分布于页状花岗岩质的酸性土壤地带，多见于林下灌木丛中、旷野或泥炭沼，以及海拔 2500 米以下的山间。欧洲越橘在布列塔尼也可见，在某些凯尔特考古遗址中也发现过其踪迹。

在染色方面，人们使用的是成熟的越橘浆果，因其富含多种花青素，即多种呈红紫色的色素（100 克欧洲越橘含 400 毫克至 500 毫克花青素）。欧洲越橘是苏格兰山区的传统染料，用在明矾媒染过的羊毛上。17 世纪之前，德国染色工匠也用它来染色，香料商和药材商卖的是越橘果脯，方便保存和运输。浆果压榨取汁再加入水中煮沸，将事先用明矾媒染过的羊毛放入染汤中再次浸煮，可获得蓝紫色。若用铁媒染，可得蓝灰色。

接骨木

Sambucus nigra L.

及 *Sambucus ebulus* L. - 五福花科

呼唤逝者

对话亡灵

　　接骨木的拉丁学名 *sambucus* 出
自希腊牧羊人用掏空的接骨木茎制作
的笛子（*sambuca*）。凯尔特文化里也有
接骨木笛子，祭司通过吹奏这样的笛子来与
亡灵对话。黑接骨木（*Sambucus nigra* L.，又译西洋
接骨木。——译注），落叶灌木，株高 2 米至 8 米
不等，灰绿色茎，表面有裂纹，伞状花序，白
色小花，有香气，花期 6 月，9 月结黑色浆果，
每只果子里有三粒籽。黑接骨木在欧洲自然生
长，十分常见。矮接骨木（*Sambucus ebulus* L.），草
本植物，株高 1 米左右，浆果有毒，花期 7 月，较黑
接骨木晚，矮接骨木的果子长在叶簇顶端，呈立状伞形，
而黑接骨木的果子呈下垂伞形。

屠宰业 - 肉业

　　接骨木浆果汁也被用作蓝紫
的食用色素，用来染悬挂干肠的细
绳；猪肉在屠宰场里分割之后会被
盖上印章，以区分不同部位的肉，
这种印章的墨汁也是用接骨木浆
果汁制作的。在法国，接骨木浆果
如今多被用在食品加工业，用来制
作食用色素。

109

用于染色的接骨木

接骨木浆果富含花青素，非常适合用来染植物纤维。这一古老的应用在一些考古遗址中得到验证。在伊泽尔省沙拉维内的帕拉德鲁湖考古遗址里，矮接骨木的染色应用很是明显，这似乎与它在人们生活环境中的频繁出现相关。

染色方式有两种：染槽发酵冷染法和高温煮沸热染法。浆果放在醋里浸泡两天，或者压碎，放在水里煮一个小时。接着，用布包裹，挤出汁液，然后将织物放入染汤中煮一小时，温度保持在80℃。接骨木能染出从紫红色到蓝色之间的颜色，包括好看的鼠灰色。这些色调的变化取决于浆果的发酵程度或染汤的状况。

辅料（石灰石或醋）与容器（铁制的或铜制的）对染色结果也有决定性作用。法国植物学家路易-亚历山大·邓布尔内记述了染得漂亮的灰蓝的方法，3盎司成熟浆果发酵得到亮紫色染汤后，放入事先用明矾媒染过的羊毛，再煮3小时："……漂亮的灰蓝色，3个月暴露在空气中日晒雨淋，未见褪色。"

欧洲卫矛的浆果有毒，哺乳动物不能食用，但其黑色果汁能染得蓝紫色调。

成熟的黑加仑（ribes nigrum）浆果不仅能用来做果冻…… 黑加仑果富含花青素，染织物若用锡媒染，可染得紫色调，若用明矾媒染，可染得丁香色。女贞（ligustrum vulgare）和黑刺李也能达到同样的效果。凯尔特人则用未成熟的青色黑加仑浆果来染得绿色的羊毛。

葡萄

Vitis vinifera L.- 葡萄属

酿酒不是唯一

葡萄酒会留渍

葡萄是世界上产量最大的
水果之一！大部分的葡萄用
来酿酒，剩下的用来佐餐，
制成葡萄干或葡萄汁。
染色行业里采用的
是成熟的黑色
葡萄。它在工
业规模生产中，
被利用的是含皮、籽和梗的葡萄榨渣。加尔省如
今是这种天然液体染料最大的出产省份。其有效
染色成分是花青素，葡萄的果皮中含量最高。大约
1 公斤榨渣可提取 50 克液体染料，主要用于食
品工业、美容用品和药业，也用于纺织品染
色业，但染出的颜色不耐久。

染色葡萄的品种

人们会用果皮带颜色的葡萄来给某些色
泽过浅的葡萄酒加点颜色。这些品种要么
是野生的（如 teinturier du Cher，谢尔
地区的染色葡萄），要么是其他品
种变异而得（如 gamay de Bouze，
布兹佳美），或者是多品种杂交。
法国法定产区葡萄酒不允许使用这
些品种。

菘蓝

Isatis tinctoria L. - 十字花科

染色植物中的贵族

一点植物学

　　两年生草本，第一年生宽大基生叶。第二年抽花茎，高可达1.5米，开黄色小花，后结角果，内有种子。

"蓝"三角

　　法国北方皮卡第方言称 waid，或圣菲利普草，自然生长于北非、地中海沿岸、亚洲大部直至中国东北，通过人工种植，它传播至全欧洲：德国、英格兰，尤其是法国。阿尔比—卡尔卡松—图卢兹的"金三角"在 16 世纪成为菘蓝交易中心。美国好几个州将菘蓝列为外来入侵物种。

　　菘蓝是一种双年生植物，第一年长出如生菜一般的叶丛，第二年抽茎，高可达 1.5 米，茎上层叠长小叶，三四月份茎顶部开出黄色小花，总状花序，结角果，扁平如银扇草或荠菜的果子。

种植的历史悠久

　　罗讷河口省的阿达伍斯特石窟中曾发现过新石器时代人们使用菘蓝的证据。在青铜器时代，人们已经用菘蓝来染色，不过技术相当原始，直到铁器时代才算掌握了这一染色技术，在德国霍恩堡遗址和瑞士霍赫多夫遗址的出土文物中有所显示。埃及人也用菘蓝染过制作木乃伊的布条。据说凯尔特人对抗罗马军团的时候，会在上战场前用菘蓝涂满全身，不过这一说法遭到强烈的质疑，因为有实验表明，菘蓝并不适合做身体彩绘的颜料。菘蓝作为染料的发家史从 12 世纪开始，最早的菘蓝来自西班

牙或东方。中世纪这一阶段，
由于染色技术手段的提高，菘
蓝染料染制出了明亮的蓝色，
同时也赋予了这一颜色重要的
地位。圣路易和英格兰的亨利三
世身着蓝色服装示人，圣母的画像
或雕像也穿上了蓝色的衣裙。菘蓝种植
在法国的皮卡第和诺曼底、意大利的伦巴第、
英格兰的林肯郡和德国的图林根形成了产业，菘蓝商
人因此富裕起来。弗朗索瓦一世统治时期，菘蓝是全
欧洲蓝色的来源：从国王的大衣到农夫的罩衫。

蓝色之争

　　14 世纪，图林根地区（尤其是埃尔福特市）是
德国重要的菘蓝产区；在法国，菘蓝种植转移至朗格
多克，产品大量发往意大利北部和英格兰，因为这两
个地方自产的菘蓝已无法满足当地制呢业的需求。菘
蓝使得图卢兹成为富庶的安乐乡。1525 年，富甲一
方的图卢兹菘蓝商皮埃尔·德·贝尔尼支付了神圣罗
马帝国皇帝查理五世索要的巨额担保金，赎回被其囚
禁在帕维亚的法国国王弗朗索瓦
一世。然而，菘蓝遭遇了来自印
度和亚洲的木蓝的竞争。木蓝
的染色能力比菘蓝要高出 20 倍，
尽管菘蓝价格居高不下，但整
个 16 世纪，菘蓝商人和图卢兹
市历任行政长官均成功地从当
权者处获取禁止使用印度木蓝
染色的法规或条例。

菘蓝变得神圣，被
用来塑造圣母形象。

夺彩杆比
赛，"抢"得合
理合法。

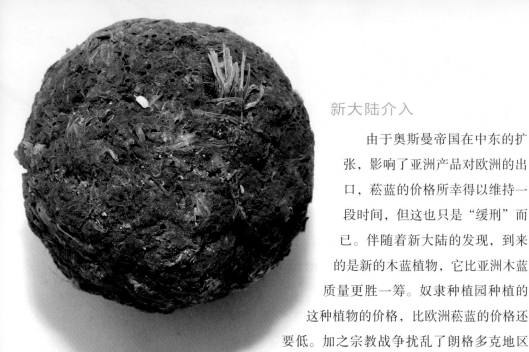

菘蓝团成球，比球顶用。

新大陆介入

　　由于奥斯曼帝国在中东的扩张，影响了亚洲产品对欧洲的出口，菘蓝的价格所幸得以维持一段时间，但这也只是"缓刑"而已。伴随着新大陆的发现，到来的是新的木蓝植物，它比亚洲木蓝质量更胜一筹。奴隶种植园种植的这种植物的价格，比欧洲菘蓝的价格还要低。加之宗教战争扰乱了朗格多克地区正常的生产和生活，菘蓝产业迅速崩溃，正如图卢兹菘蓝富商阿塞扎的私人府邸所见证的那样，这座豪宅1555年动工，1581年破产的业主去世，而工程尚未完成。1609年、1624年和1642年的皇家法令依旧将使用木蓝染色定为死罪，但柯尔贝最终在1672年出台临时规定，允许北部和东部的某些厂家使用木蓝。1737年，法德两国正式为木蓝正名，菘蓝被打入冷宫。南特、波尔多和马赛港埠财富盈门，图卢兹却败落了。朗格多克地区一大批以菘蓝为支柱的产业消失

菘蓝的种植为法国西南部带来可观的财富。

殆尽，只有在拿破仑一世统治时期封锁大陆的时候，在塔恩省出现过短暂的复苏。

种植与备料

　　菘蓝的生长需要肥沃疏松、富含硅和钙的黏质土壤。罗哈盖地区(法国历史上对西南地区的叫法。——译注）和阿尔比热瓦自然区（法国西南塔恩省首府阿尔比市周边一带。——译注）冬季气候温和多雨，夏季阳光充足，有着种植菘蓝的理想条件。为了不使土地退化，必须实行三轮作：菘蓝、休耕、谷类。播种在冬末进行，土壤施过老粪肥之后，采用撒播的方式播种，因为那样形状的种子无法用播种机播种。萌芽期持续3周至4周。6月圣约翰节至10月是采摘叶子的时期，分4次至6次进行。熟练的雇工或徒手采摘，或用小剪刀剪取。要摘的是那些蓝绿色已经褪去、开始发黄的叶子，其中以采摘季第一批质量最为上乘。最壮硕的苗会被留下，等到成熟期取其种子。采得的叶子放到干净的草坪或通风的棚架上晾干，必须定期翻动，防止其腐烂。接着，把叶子用磨研碎，得到质地均匀的油腻粉末，将其堆成小山丘状，用铲子将表面抹平，静候其继续干燥、发酵。在这个过程中，必须留心，若小山丘表面出现裂缝时要及时抹平，将腐坏的苗头扼杀，防止虫子在其中安家。

安乐乡

　　8天至12天之后，发酵达到最佳阶段，工人们用木质的模子把粉粘成10厘米至15厘米的圆球，再经过3周的干燥，有时会把圆球放在桅杆

1995年的复苏：在欧洲某些国家和地区（德国、英格兰、托斯卡纳、法国的图卢兹地区和阿列日省），人们用机器采摘菘蓝，在几天的时间里可以从叶子中提取得到靛蓝粉：一种纯正的颜料粉。这一技术的改良，早在1810年大陆封锁时期就由化学家们完成了。要得到两公斤粉末，得用一吨菘蓝叶子。

菘蓝染料在制备过程中会散发出恶臭，以至于英国女王在1585年下令，在她的行宫方圆13公里以内，不得存有菘蓝作坊。

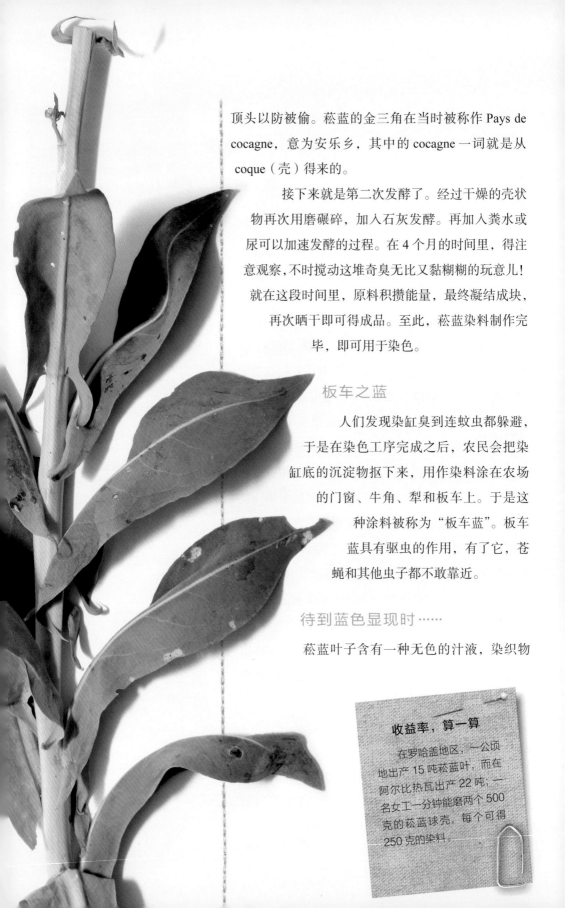

顶头以防被偷。菘蓝的金三角在当时被称作 Pays de cocagne，意为安乐乡，其中的 cocagne 一词就是从 coque（壳）得来的。

接下来就是第二次发酵了。经过干燥的壳状物再次用磨碾碎，加入石灰发酵。再加入粪水或尿可以加速发酵的过程。在 4 个月的时间里，得注意观察，不时搅动这堆奇臭无比又黏糊糊的玩意儿！就在这段时间里，原料积攒能量，最终凝结成块，再次晒干即可得成品。至此，菘蓝染料制作完毕，即可用于染色。

板车之蓝

人们发现染缸臭到连蚊虫都躲避，于是在染色工序完成之后，农民会把染缸底的沉淀物抠下来，用作染料涂在农场的门窗、牛角、犁和板车上。于是这种涂料被称为"板车蓝"。板车蓝具有驱虫的作用，有了它，苍蝇和其他虫子都不敢靠近。

待到蓝色显现时……

菘蓝叶子含有一种无色的汁液，染织物

收益率，算一算

在罗哈盖地区，一公顷地出产 15 吨菘蓝叶，而在阿尔比热瓦出产 22 吨；一名女工一分钟能磨两个 500 克的菘蓝球壳，每个可得 250 克的染料。

在晾晒的过程中接触空气，汁液会氧化变成蓝色。

对于染色工匠来说，"显蓝"的时刻，也就是染织物干燥过程中颜色显现的时刻，永远都是那么神奇。菘蓝与木蓝一样，使之"显蓝"的有效成分是靛苷和菘蓝苷 B，但它们含量不同，菘蓝的含量是木蓝的 9% — 20%。

菘蓝是一种大色染料，它有很多优点。菘蓝染色用染桶，无需高温，不用媒染剂。它的染色色阶很广，从"初生蓝"到"地狱蓝"。操作染色的工人使用直径两米、深一米的木质染桶，四分之三埋入地下，放进麦糠和菘蓝染料的混合物，倒入开水，静置 4 小时。加入灰分以添加钾，覆盖以稻草，使染汤在酝酿过程中尽量少接触空气。再静置 4 小时，再加灰分，保持恒温，再等待，直至染汤呈现漂亮的金黄色，并且表面出现零星蓝色的泡沫漂浮。这一过程统共要持续 20 小时至 24 小时。之后，再用织物小样检验颜色。

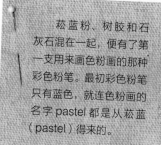

菘蓝染很费功夫，制作菘蓝染的蓝色工作服也不是件简单的事。

将染织物和丝线放入染汤中，按期待颜色的深浅，浸泡 10 分钟至 30 分钟不等，再将它取出，脱水，晾干。反复浸泡可得更深颜色。3 天到 4 天之后，染汤中的色素耗尽，这时需要重新加入染料。有些染织物用菘蓝打底再用栎瘿，可染得很正的黑色；若在菘蓝底子上再过黄木樨草或黄栌染汤，则可得到绿色。

菘蓝粉、树胶和石灰石混在一起，便有了第一支用来画色粉画的那种彩色粉笔。最初彩色粉笔只有蓝色，就连色粉画的名字 pastel 都是从菘蓝（pastel）得来的。

木蓝属植物

Indigofera tinctoria L. – *Indigofera suffrutticosa* Mill. - 豆科

被驯服的异域分子

一个大家族

　　Indigo，木蓝，又称印度蓝，正如它的名字所显示的那样，来自 Inde（法文，印度）。木蓝属植物有许多种，分属不同科，分布在世界各地，它们都含靛苷，染色成分靛蓝的前体物质（前体物质是指物质生成了，但不具备活力时的状态。——译注）。"真正"的木蓝属植物属于豆科，生长在非洲、亚洲和美洲的热带地区。木蓝属植物有 700 余种，非洲和喜马拉雅山南麓是品种最丰富的地带。*Indigofera tinctoria*（木蓝），原产印度，后被引进到所有热带地区，往往在河岸边就能发现野生的木蓝。这是一种小灌木，高 50 厘米至 1 米，结灰黑色圆形荚果。*Indigofera suffrutticosa* Mill.（野青树），原产自热带美洲，西班牙人到达美洲之前的当地文明如印加文明中，就已出现过野青树的身影。

镰状弯曲荚果，呈红褐色。*Indigofera guatamelensis*（危地马拉木蓝），荚果长且直，也能出产优质染料。

出自草木

靛蓝染料最早来自印度，但在很长一段时间里，欧洲人并不知道它是从植物提取而得的。老普林尼曾说，靛蓝"这种一等的色料（……）是附着在灯芯草渣上的黏土"。马可·波罗在热那亚蹲监狱时写成了《马可·波罗游记》，他在书中指出，这种从印度进口的、一直被认为是矿物质的块状蓝色颜料，其实来自一种植物。

人们在非洲西部最古老的纺织品——"特勒姆布"中发现过用木蓝植物染的布条或格子花纹。埃及人、腓尼基人和中国人用木蓝染色也有数千年的历史。在印度，这种植物和染色方法很早就有文字记载。自7世纪起，欧洲和印度之间经由阿拉伯半岛开始有贸易往来，在达伽马开辟新航线之后，两地贸易愈加频繁。1516年起，印度的靛蓝绕过好望角，被运往欧洲。在十六七世纪，美洲殖民地的奴隶种植园还未形成规模，染料价格未降之前，荷兰人大量进口靛蓝到欧洲倒卖。

靛蓝的确来自植物，而且这种植物在热带国家满地都是。

PLANTES TINCTORIALES.

L'INDIGO.

Transport des plantes d'indigo aux Indes.

Véritable

Extrait de viande LIEBIG.

VOIR L'EXPLICATION AU VERSO.

火鸡在成为美国人感恩节的盘中餐之前，可着实救了木蓝一把。

幸得火鸡相助

16世纪，西班牙人将木蓝引进大安的列斯群岛。1640年左右，法属小安的列斯群岛也初见木蓝，烟草价格的大幅跌落使得移民们开始寻找回报率更高的产品。他们临水择地，建立木蓝种植园，大量使用奴隶劳动力。"木蓝遭到数种害虫侵噬，许多种植园几乎被摧毁，直到18世纪末，法属圣多明戈（今海地。——译注）一位园主在毛毛虫出现在木蓝地里的时候，成功地派遣了一队喂食不足的火鸡……"（《农舍》，21世纪出版）。

木蓝起义

从1730年起，在玛丽-加朗特岛和瓜德鲁普，木蓝渐渐让位给了收益率更高的棉花、咖啡和甘蔗。

于是，位于北美洲的英国殖民地成为最大的木蓝产区，排在第二位的是英国人在亚洲的殖民地。1859年，在孟加拉地区，英国人种植木蓝的规模之大，大到影响当地人的粮食生产。孟加拉的农民吃不饱肚子，又遭遇英国种植园主的粗暴对待，他们奋起反抗，这场斗争一直持续到1868年：这就是木蓝起义。

失败告终

十八九世纪，法国人试图引进木蓝在国内种植，选址在佩皮尼昂和土伦附近，均以失败告终，产出无法抵偿投入。

产出木蓝并不难

因为有硬壳在外，木蓝的种子要先在水里泡上一夜，再撒播到事先松好的地里，三四天之后开始冒芽，四五个月龄正是花期，此时便可采集枝叶。又过2个月至4个月，新枝叶长成规模之后，可再次采集，一年最多可采集三回。2年至3年后，其生命周期完结，必须重新种植。

·· 腐化池和沉淀池 ··

17 世纪法属安的列斯群岛靛蓝产业的代表是杜德尔特神父的靛蓝厂。这座厂采用石头搭建,有 3 个至 5 个阶梯排列的池子。最高处的池子最大,叫"腐化池"或"浸渍池",是叶子发酵的地方。12 小时之后,往首次发酵的液体中加入石灰水。接下来采用猛烈持续击水的方法,使溶液与空气接触,充分给氧,促使蓝色的靛花生成。第三个池子叫"沉淀池",顾名思义,溶液在这里静置,待固体物沉淀,将其收集装入帆布袋即可。

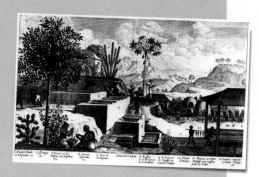

见证奇迹的时刻

人们采集太蓝的叶子,因为含染色成分的是叶子。染色分子靛蓝不溶于水,无法附着在纺织纤维上。而叶片在含有碱类物质如石灰的环境下发酵之后,靛蓝的前体物质靛苷会生成糖分和一种吲哚,这种黄绿色的溶液则有附着纺织纤维的能力。接触空气之后,靛苷起反应生成靛蓝,牢牢地附着在染织物上。就这样,从染桶中取出时还是黄色的染织物,当暴露在空气中之后,经氧化作用,渐渐地变绿,然后变蓝:一个永恒的神奇时刻……就这样,几乎所有的染色分子都已附着在纤维上了,用肥皂水冲洗染织物,去掉过度饱和的色素,再放置到阴凉处晾干。木蓝染料是一种大色,无需媒染剂,但需要经过一个脱色的步骤,名曰还原。由于染汤温度无需超过 50℃,人们采用半埋在土里的木桶来染色,以保持热量。

有一天，工人们也会穿上蓝色的牛仔服。

蓝色牛仔裤及其他

在风靡全球之前，牛仔裤其实是淘金者、水手和牛仔的工作服。16 世纪，意大利都灵附近的小城基亚里，人们出售一种由尼姆出产的布料，这种布料的特点是它的斜纹织法，由白线和靛蓝染的蓝线织成。慢慢地，这种来自尼姆的斜纹布料 sergé de Nîme 被简称为 denim，音译作丹宁布。热那亚的海军用这种布料为海员缝制了结实的裤子。这样的裤子在海风里来海水里去，海盐使得蓝色越变越浅，这种苍白的蓝也因此被命名为"热那亚蓝"。1829 年，李维·斯特劳斯出生在巴伐利亚一个贫寒的小商贩家庭。少年时期，穷苦的生活迫使他离开家乡，前往纽约投奔在那里经营布匹和服装公司的两个哥哥。1853 年，取得美国国籍之后，他决定把生意做到旧金山，因为那里的淘金潮正热火朝天。李维·斯特劳斯想卖给淘金者纽扣和厚棉帆布搭帐篷，但淘金者要的却是坚固耐磨的衣服。于是他用厚棉帆布制作了背带裤，但是这样的布料太重了。他决定引进既坚固耐磨又舒适的尼姆斜纹布料。长期风吹日晒水洗之后，丹宁布的颜色变成了热那亚蓝……在英语的发音里就演变成了 denim jeans。

牛仔裤受到淘金者的热烈追捧，不过口袋的牢固性依然成问题。李维·斯特劳斯的顾客雅各布·戴维斯是一名裁缝，针对这个问题他有个绝妙的主意：用铜制的铆钉来固定口袋。于是两人联手制作。

1873 年，用铆钉加固口袋的专利生效，李维·斯

特劳斯的公司开始生产著名的丹宁布加铜制铆钉的牛仔裤。为了搭配铆钉的颜色，牛仔裤的缝制采用橙黄色的缝衣线。在接下来的年代里，牛仔裤被水洗，被撕裂，被上绣，被点缀以珠子或更多的铆钉，被印上各种图案，被酸洗，被裁短，被加宽加肥，但唯有蓝色的丹宁布始终不变。

　　图瓦雷克人因为经常缠着蓝色头巾，被称作"沙漠中的蓝人"。这种蓝色头巾用木蓝染得，戴时间长了会掉色，把皮肤也染蓝。图瓦雷克女性也很喜爱尼日利亚卡诺的豪萨人生产的靛蓝纺织品。过度饱和的染色法使得织物呈现光泽，蓝得发紫发亮……天然靛蓝的美肤和防晒效用也相当有名。

　　　靛蓝粉可以用来染黑深色头发，甚至在白发上染得饱和的深色：先涂上散沫花染料稀释液，静候3至4小时，再涂靛蓝溶液，3至4小时后，用大量清水冲洗。

图瓦雷克人脸上的蓝，也是靛蓝。

Teinturerie d'Indigo au Mossi (Haute Volta).

123

蓼蓝

Polygonum tinctorium Ait. syn. *Persicaria tinctoria* H. Gross. - 蓼科

木蓝的替身

一点植物学

一年生热带植物，却很好地适应了温带气候，植株高70厘米左右，呈直立伞状。夏季开粉色穗状花朵，随后结黑色小果，状如种子。

皇族的故事

公元前 2600 年的中国，蓼蓝的特性已为人们所熟知。到了清朝，蓝色服饰更为流行，朝廷规定官员的官服为"石青色"，即深蓝。从印度引进木蓝并种植之前，蓼蓝一直是东南亚最重要的蓝色染料原料。5 世纪到 6 世纪之间，蓼蓝传入日本，人们用它来染棉布。因为依照当时的禁奢法，老百姓只能穿棉布，而丝绸则是皇族和高层统治者才能拥有。用蓼蓝染出的棉布价格亲民，被用来制作劳作时穿着的衣裳，好处是颜色深……不显脏。这种棉布也被用来制作装饰房子的布艺或者结婚贺礼，如在布料上绘画或绘制壁挂，有吉祥如意的寓意。靛蓝有消炎和退烧的作用，于是，人们觉得靛蓝染的布匹也有同样的效用。

蓼蓝在法国

春蓼由耶稣会会士引入法国，更确切地说，得归功于 1740 年前往中国传教的神甫汤执中（Pierre Nicolas d'Incarville，1706—1757）。春蓼后来成为一种十分常见的植物。汤执中发现了蓼蓝的染色功用和经济价值，于是，当时作为皇家药用植物园特派员的他，往法国寄了一些种子。

法国的靛蓝进口量如此之大，对贸易造成巨大的逆差压力。1838 年，靛蓝进口额达 25 亿法郎。与此同时，随着 1806 年拿破仑一世开始实行对大陆封锁，各地纷纷对具有新的工业生产价值的品种进行试种，其中就包括蓼蓝。各省的行政长官接到命令，在各自的辖区里运用新改良的技术，验证种植被遗弃的品种或新引进的品种的可能性。种蓼蓝的主要目的是替代木蓝。

POUSSE-POUSSE JAPONAIS

日本车夫身上的靛蓝色衣服。

种种尝试

法国施行对大陆封锁的政策之后，常驻中国的欧洲使节为各地的植物园寄来蓼蓝的种子，目的在于研制出能替代进口木蓝的物质。1835 年，威尔默兰父子在蒙彼利埃的植物园试种蓼蓝，以失败告终。1837 年，南部的伊埃雷植物园也收到了从中国欧洲使节寄来的一包种子。播撒了种子，蓼草也长了出来，将它用在提取色素的实验中，然而结果比预期相去甚远，因此大规模的种植计划很快就被放弃了。无疑，地中海气候并不适合蓼蓝的生长。不过它在德国的图林根就适应得很好，尽管产出率不如在日本种植的蓼蓝。在法国，蓼蓝的种植史只有 25 年。在染色草木植物园里，如比利时的那慕尔市植物园可以找到蓼蓝的身影。

亚洲蓼蓝

在日本的四国岛上，人们采集来蓼蓝叶子，淋上一点清酒，是为增强仪式感，也是为了达到更好的发酵效果。在中国，人们采用沤泡叶子的方法得到靛蓝粉。这种粉要保持湿润，通常是以面团的样子示人，染色工匠买到的也是这样的面团。

除了蓝，还是蓝

起绒草

Dipsacus fullonum L.- 川续断科

带刺又带色

起绒草是两年生草本植物。过去，在普罗旺斯地区，人们种植起绒草，用它带刺的绒果来梳理羊毛。在中世纪，人们就开始用晒干的起绒草来提取蓝色染料。和木蓝染色一样，染织物在煮沸的起绒果染汤中浸渍之后，通过暴露在空气中，使有效成分起氧化作用来达到染色的目的。它的染色成分是川续断苷，经过氧化得到川续断蓝。这是一种假靛苷，也就是说，它的反应方式与靛苷类似。

田野孀草

Knautia arvensis Coult.- 川续断科

田间美人

这又是一种田间地头常见的植物，它同样含有黄色的川续断苷。棉布在染汤浸泡过后，经过氧化，可得到相当牢固的浅蓝色。与田野孀草同科的有另外一种分布很广、形态极其相似的植物，也可作此用途，那就是飞鸽蓝盆花（Scabiosa columbaria）。这种多年生草本植物在草地和路边经常见到。

普鲁士蓝：
染色工匠的盘尼西林

这不是一种植物

　　染料的发现有时纯属巧合，1704 年，普鲁士蓝（又称柏林蓝）的发现便是如此。海因里希·德斯巴赫是一位染料商，他生产出售一种以胭脂虫为原料、能染出非常漂亮的红色的染料。他从柏林的化学用品商迪佩尔那里购钾。这个迪佩尔有些马虎，他卖给德斯巴赫的碳酸钾掺了杂质，结果德斯巴赫没能配制出亮红色的染料，而得到了一种特别深的蓝，于是他去找迪佩尔理论。而迪佩尔立即嗅到了这里头的商机，他完成了蓝色染配方的配制。其制作程序如下：将等量的氢氧化钾与动物凝固的血和动物的角或皮的碎料混合，放在生铁锅中加热烧制，直到混合物变成黏稠的糊状物；加入水调和搅拌以使其接触空气，将其过滤；之后与加热的明矾、硫化铁或硝酸铁溶液混合，待沉淀形成，用大量清水浸洗，每隔 12 小时换一次水。沉淀物的颜色会由最初的棕黑转为棕里带暗绿，继而是棕带暗蓝，然后蓝越来越明显，直至最后显出深蓝。这一反复洗涤的过程得持续 20 天到 25 天。人们把沉淀物收集起来，铺到布上沥水，然后分成小堆出售。这种染色料可以很好地溶解在水中。

很快地，工业合成普鲁士蓝的方法被进一步改良、传播，在大规模的蓝色染里，普鲁士蓝逐渐替代了靛蓝。

欧鼠李

Rhamnus frangula Ard. syn. *Frangula alnus* Ard.- 鼠李科

可入药，能染色

一点植物学

灌木，株高2米至6米不等，喜湿地，生长于平原和山区的林下灌木丛或林中空地。花期4月至7月，小小的花朵结出球形核果，成熟时由红变黑。

植物学知识

欧鼠李是一种灌木，无刺，株高可达6米，灰色树皮，椭圆叶子互生。其花带绿色，4月至7月间开放，随后结浆果，果子由绿转红，8月成熟时呈黑色，因其毒性而知名。光线充足的树林之潮湿地带、林下灌木丛、树林边缘和树篱均是欧鼠李喜爱的生长之地，它在欧洲广泛分布于平原和山区地带，除了地中海沿岸和最北部。

红与绿

干燥的欧鼠李树皮是不少传统染色配方里用到的原料，尤其在荷兰南部，用在明矾媒染过的羊毛上，可以染得接近染色茜草能染出的砖红色。纺织品需在40℃或50℃的染汤中浸泡数日，方可染得这一被归入小色行列的绿色。

还是邓布尔内，他做了不少试验，在绿色染的研

·· 中国绿 ··

19世纪欧洲旅人的笔下所描述的这种绿色取自欧鼠李的树皮。19世纪50年代，欧洲人对中国绿或称 Lo-kao 染的丝绸做了分析研究。里昂商会还组织了一次比赛，当地化学家沙尔文成功地从药鼠李中提取出绿色。

究方面取得相当喜人的成果：
"对我的心思和精力给予最
美妙的回报的，是我们这里
土生土长的染色草木。"他取新
鲜的成熟浆果为原料进行实验，得
出了李子紫等颜色。有一天，他又准备
了一大桶染汤，还未加热，却因为忙于手头
其他实验，把这桶染汤抛到了脑后，搁置了8天。等
他想起来时，染汤已经发酵，但他还是加热煮了半小
时，放入羊毛进去，结果却染出了恰到好处的绿色，
而且尤其耐酸耐碱。他坚持不懈地用毛呢做实验，从
苹果绿到鸭绿，都从他的染缸里一一呈现。"大自然
的财富真令我惊叹，只是像酿葡萄酒一样发了酵，换
一种方式改变了欧鼠李果子的染色分子，就灭除了红
色，剩下蓝色和绿色，而且还如此牢牢地锁住而不分
开，才有了这有史以来的第一次，我们看到绿色从唯
一的、同一缸染汤中出来，比我们仿制的绿色不知要
牢固多少倍。"

加农炮里的染料

　　欧鼠李在染色界能大有作为，是拜其活性染色成
分蒽醌所赐，不过除此之外，欧鼠李还另有用途。在
15世纪至19世纪里，它对于军需
的炸药制造尤为重要，因为欧鼠李
木烧出来的木炭质量极高，尤其适
合制作低速加农炮所需的火药。在
采石场，使用这种黑火药爆破得到
的石头块大而且无裂痕，能满足作
为装饰石材的要求。

欧鼠李踏入了战场，但不是用在军装上。

药鼠李

Rhamnus catharticus L.- 鼠李科

缺的是媒染剂

鹿刺

药鼠李是一种荆棘状灌木，植株高3米至6米，枝上有刺针，灰褐色树皮，花黄绿色，五六月间开。浆果如豌豆大小，初生为暗绿色，至九十月成熟时呈黑色，内有种子2枚到4枚，种子有毒，不可为人食用，但为鸟类所喜爱。人亦称之"鹿刺"。药鼠李生长于英格兰中部至摩洛哥一带以及西亚地区，后被引进北美，成为入侵物种。常见于树林、树篱和潮湿矮林中。

挑拣是必须的

九十月是采摘成熟药鼠李的季节。采摘浆果的时候需要小心挑拣，因为如果掺入了绿色的浆果，色料就会发黄，就不能得到理想的绿色。所以，挑的都是个头大、色泽油亮而且多汁的那些浆果。用石磨把果子碾烂，混合明矾放入缸中发酵十来天。将它取出，压榨，得橘黄色汁液，用隔水炖的方法加热浓缩。加热过程中，液体的颜色产生微妙变化，在经历红色的各种阶段之后，最终炼成一坛紫色的、黏稠的、令人作呕的浓浆，其中夹杂着一种介乎老醋与猫尿之间的"芳香"。浓浆接着被灌入猪膀胱中，防止见光变质。这些灌入浓浆的膀胱一般挂在壁炉上，任其干燥。

大牌小牌一起抓

在巴黎，扑克牌和塔罗牌的制造商是一个历史相当悠久的群体。15 世纪下半叶，塔罗牌在法国出现。塔罗牌上的绿色就是从猪膀胱绿得来的。

装在膀胱里的绿

经过氧化，皮囊中的紫色浓浆变成了绿色的颜料，其中的活性染色成分是蒽醌。在中世纪，这种膀胱绿大多被用来画泥金装饰手抄本和彩饰字母，尤其用于突出人物衣裳的褶皱。由于教会禁止使用混合颜色，黄色和蓝色也不能混合起来使用，膀胱绿是仅有两种能用的绿色颜料之一。直至 20 世纪初，它依然被用作绘画颜料。它也被用来染扇子和优质的皮革，唯独羊毛不能征服，尽管试验没少做，连伟大的染色实验家邓布尔内也没能成功。人们在等待的是适合它的媒染剂……19 世纪末 20 世纪初，人们将它混合了阿拉伯树胶和石灰水，用来画水彩，不过依旧保存在猪膀胱里。

·· 猛药去疴 ··

药鼠李之所以为药鼠李，乃因其果有强效催泻之功用。药鼠李糖浆可"去积除郁"，一般药物撼动不了的体质，就交由药鼠李来处理了。

鸢尾花

Iris xiphium L. 荷兰鸢尾（或西班牙鸢尾）

Iris germanica L.德国鸢尾 - 鸢尾科

皇族之花

总算有了能用来画画的绿颜料。

路易的花

自克洛维一世 [（466—511），法兰克王国奠基人、国王。——译注] 打败西哥特人之后，鸢尾花被选定为法国王室的象征。这是一种黄色鸢尾（*Iris pseudocorus*，黄菖蒲），大量生长在利斯河（位于法国北部及比利时境内的一条河流。——译注）两岸。1147年，路易七世决定，用三朵金色鸢尾花配蓝底的图案作为王国和基督的象征，于是这种花被称为"路易的花"（fleur-de-Louis，flor-de-Loys），最终变形为 fleur-de-Lys（利斯之花）。鸢尾花广泛分布于北半球（欧洲、亚洲、美洲、北非）。鸢尾是一种多年生根状茎植物，单鸢尾属就有两百多品种，还有许多被用来装饰园林的杂交品种。

魔鬼绿

鸢尾花曾经被当作生产原材料进行种植，尤其是在荷兰（荷兰鸢尾）和摩洛哥的阿特拉斯峡谷（德国鸢尾）。荷兰鸢尾的花瓣可提取绿色色素，用来制作墨水和绘画颜料。那时候，人们为获取绿色也操了不少心，因为优质的绿色颜料很有限，所以人们要么使用非常昂贵的孔雀石，要么使用一种天然带有绿色的黏土。这些矿物原料自远古时代起就被使用。由于常用的草木染料极其低效和不稳定，不知多少画家、染色工匠和其他与色彩相关行业的从业者，前赴后继地

走上了混合颜色的道路。绿色倒是不难通过混色获
得，不过，在整个中世纪，
他们这样做无疑是正面冲撞
了宗教禁令。教会禁止一切混色
行为，不管混合的是什么颜色，都
是魔鬼的勾当。

　　"摘下蓝鸢尾或球茎鸢尾（荷兰鸢尾）
的花朵；摘下花瓣，只取花瓣上部光滑的部分
更佳，余下弃之。将成簇的花脉也同样去除；将
花瓣捣碎，这个过程中可酌情洒水，再往容器中
加入事先融化好的少量阿拉伯树胶和明矾，继续搅
拌，或将混合物放到大理石台上碾轧，然后把这坨
如面团一般的东西用结实的帆布裹住，挤压出汁液，
用贝壳盛接，放在避光处阴干。"（摘自《绘画全书》
Traité complet de la peinture, 1829）［法国画家、艺术
史学家雅克 - 尼古拉·帕约·德·蒙塔贝尔（1771—
1849）著。——译注］

　　鸢尾花绿被广泛运用在泥金装饰手抄本和绘
画上，但这种绿色很不牢固。出生于1370—
1380年的荷兰人德·林堡兄弟（保罗、让和
赫尔曼），也就是受雇于约翰·贝里公爵的
那三位，在他们那本泥金装饰手抄本之王
《贝里公爵的豪华时祷书》就用了这种绿色颜料。

鸢尾奇香

　　马格里布鸢尾的根状茎可提取出芳香精油中最为高
贵的奇香之一：鸢尾油。鸢尾油每年全球产量大约为150
吨，1公斤的售价在10000欧元到15000欧元之间。
16世纪，法国王后凯瑟琳·德·美第奇引领潮流，使得
鸢尾油进入了香水界，直到今天，鸢尾油仍是许多高端香
水的原料，如1995年爱马仕推出的法布尔街24号。干
的鸢尾根也被拿来卖，因为它可以缓解婴儿的牙龈肿痛。

别样绿

大自然中，绿色无处不在，然而它却又一直躲躲闪闪，好像不愿为人类献上牢靠的颜色。不过，还是有几种常见的植物，可以给出相当不错的小色，而且染色工序也很简单。

蕨类

将蕨类（最常见的有欧洲蕨，*Pteridium aquilinum* L.）的叶剁成小块，加水煮一小时，过滤，将事先用明矾或铬媒染过的羊毛放入染汤中再次煮沸。蕨可以染出柔和的绿色及泛绿的黄色。

欧洲女贞

Ligustrum vulgare - 木樨科

平凡却雅致

欧洲的乡间树篱少不了女贞树。五六月间开白色花朵，具香气，后结黑色浆果，就这样，整个冬天，女贞树可以为鸟儿们提供美食（但要小心：人类食用会中毒！）。

初冬的寒流过去之后，女贞果子就可以采摘了，所得的深紫色果汁也用来为红酒增色。染料通过煎煮果子和压榨果核来获取，由此得到的汁液必须过滤，或者至少静置待其沉淀。这种染料也用在手套制作上，可以染得漂亮的水绿灰。若加入碱，如钾碱，染剂会变绿。女贞是一种非常重要的绿色染料，然而直接染得绿色不是一件容易的事。

黄桑

Morus tinctoria L.- 桑科

黄黄绿绿

色环的出现以及通过混色获得另一种颜色，可以促使更多的技术和产品问世。对于绿色染料也是如此，人们使用富含丹宁的黄桑，可以省去一部分媒染的工夫。

要染得"龙绿"（欧洲传说中的龙的颜色。——译注），得先把羊毛呢泡在菘蓝染料中，接着，用明矾和塔塔粉媒染，再放入黄桑染汤中煮 3 小时至 4 小时。要染得"萨克森绿"（萨克森绿其名源于 18 世纪法国元帅萨克森伯爵莫里斯的骑兵队身穿的绿色制服上装。——译注）的话，要把经过明矾和塔塔粉媒染的织物放入黄桑染汤中，加入一点"萨克森蓝"（指酸性靛蓝染液。——译注），加热煮两个小时，不停地搅拌以使着色均匀，再捞出来，放入浓度更高的"萨克森绿和蓝"的染汤中。"萨克森绿"多被用在游戏桌或台球桌面的毯子上。绿色，象征着运气和发财，但也可能是破财……

在黄桑染的绿毯子上，各种色球滚得欢。

瘿栎

Quercus infectoria Oll. syn. *Quercus lusitanica* Boiss. - 壳斗科

打的是黑工

是树还是虫？

我们的染色植物论要到昆虫学那里绕个圈……的确，在这一章节里，令瘿瘤里满是丹宁的虫子，才是我们的兴趣所在。虫瘿，或五倍子，是某些植物的叶子、叶柄或果实被瘿虫刺伤之后生成的肿瘤。能把树搞出瘤子的瘿虫有1.3万种之多，不过大部分的瘤子都是拜翅目瘿蜂科的虫子所赐。雌虫用刺针刺破植物刚发出的新芽，在其上产下卵，很快地，这颗卵周围的植物组织会形成一个球形的瘿瘤。幼虫在瘿瘤里孵化之后，就靠吃周围的植物组织成长，直至它变态到成虫的最后阶段，它会钻一个孔，从瘿瘤里钻出来。不过栎树和它的寄生虫之间的关系，一直到17世纪才为人们所知晓：在此之前，人们以为栎瘿是果实，在南法，它甚至被叫作"栎果"。

各种栎树上的栎瘿多达250多种，小如豌豆，大如核桃。

以色列栎或称阿勒颇栎深受瘿蜂之害，出产含有大量丹宁的栎瘿。这种栎树是一种小型乔木，植株高4米至6米，灰色鳞状树皮，分布于小亚细亚、希腊和塞浦路斯，海拔1800米以下均可生存。1850年被引进地中海沿岸其他欧洲国家和地区，但不耐霜冻。

真品与赝品

　　阿勒颇五倍子自古名声在外，老普林尼在他的《自然史》就提到过。两部埃及底比斯的莎草纸（古埃及人广泛采用的书写介质，用盛产于尼罗河三角洲的莎纸草之茎制作而成，大约在公元前3000年就已出现。——译注）手抄本，著于公元3世纪，如今保存在莱顿和斯德哥尔摩，均记载了古老的染色配方，比如用栎瘿打底染伪绛红色。最优质的五倍子来自中东，那里盛产栎瘿：阿勒颇（叙利亚）、摩苏尔（伊拉克）、斯米尔纳（今土耳其伊兹密尔）、的黎波里（利比亚）。阿勒颇和摩苏尔的五倍子最为知名，它们靠沙漠商队运往沿海地带。伯罗奔尼撒栎瘿产自希腊诸岛上的土耳其栎（Quercus cerris），其丹宁含量相对较少。罗马涅（意大利）、伊斯特里半岛和中国也产栎瘿，但并没有产业化。匈牙利、克罗地亚或意大利的皮埃蒙特地

几乎所有栎树都产栎瘿。

始作俑者全身照。

给骨头上色

手工艺品匠人用来制作梳子、梳妆用品和其他装饰小物件的骨头、象牙和动物的角，都可以用这类染料上色。制作假发的师傅用栎瘿染料加点碱式碳酸铜、一点硫酸铁溶液，再来一点亚麻籽油，可以把假发染得乌黑油亮。

区的栎瘿出自无梗花栎，所含丹宁少，重量轻，质量明显差一大截。

法国的栎瘿采集自地中海的栎树品种如冬青栎。它们大部分为白瘿，个头小，质量轻，呈圆球形，表面平滑无突起，外皮呈淡黄色或木色，几乎所有虫瘿都有小洞。到了秋末，在加斯科涅（法国西南部，今阿基坦大区及南部 - 比利牛斯大区。——译注）和普罗旺斯，女人和孩子们会采集虫瘿，其质量着实差强人意，真正的利用价值不高。

栎瘿是各种各样造假的对象，要么是把劣质的品种和优质的混在一起，要么是用蜡把瘿球的小洞堵上，冒充阿勒颇栎瘿。有时甚至是用加入硫酸溶液的彩色黏土炮制假栎瘿。

染色成分、染色技巧和使用方法

栎瘿中所含的丹宁为 60%—70%，又叫五倍子酸。栎瘿浸泡液在封闭的木桶中可以永久保存。干燥后捣碎的栎瘿经过重复煎煮能够完全溶解。

不过，在工业生产中，染料的配制另有他法：将捣碎的栎瘿加入乙醚和水按 9:1 的比例调制的溶液中。
24 小时后，将溶液沥入瓶中，静待分层：上层含少量
丹宁，下层则是乙醚水溶液中糖浆一般的丹宁。这一
层经过清洗、加热蒸发，剩下发黄易碎的固体沉淀物，
再将它加工成粉末，就可以出售。

　　事先用铁媒染过的织物再经过栎瘿染汤染色可以
得到一种漂亮的、发蓝的灰黑色，人称它为"乌鸦黑"。
鉴于栎瘿的价格，这种染法只用在高级纺织品上。而
且用铁媒染还有一个缺点，它有破坏性，会令染织物
尤其是丝绸变硬，不过它也能保证染织物发出好听的
窸窸窣窣的声音。为了减少这一缺陷的影响，行规明
确规定，用栎瘿染色之前要用蓝色打底，以减少栎瘿
和铁媒染剂的用量。

　　以上两个步骤由大色染色工匠开始操作，然后
由小色染色工匠收尾。质量不高的栎瘿也有它们的用
处，它们被用在很重要的一个步骤上，叫作"深化"，
即先给染织物打一个从灰褐色到浅灰色的底，再用别
的染料染色。这一道工序可以加深色调，比如灰色加
染色茜草可以得到深红。

17世纪的配方

　　取若干栎瘿，捣碎，倒
入水中，煮沸。沸腾片刻之
后，捞出栎瘿碎片，加入硫
酸铁溶液和一点阿拉伯树胶；
将丝线放入其中浸泡，可染
得发亮的黑色。加入鸢尾根
粉末"给点味道"，这一配方
当时用来染蕾丝软帽和葬礼
上佩戴的黑纱帽或面纱。

从似白非白
到深褐色，栎瘿
提供了无限可能。

胡桃

Juglans regia L. - 胡桃科

乡间的黑色染料

来自我们的农村

胡桃是一种常见的大型落叶乔木，株高可达30米之高，树干粗壮，有着光滑的灰色树皮。在欧洲的春天里，它最后一个发芽，秋初时，它又最早掉叶子。它十分考验种植者的耐心，经过嫁接的胡桃往往要5年到6年才结果，有时甚至要等10年。它原产于小亚细亚，古代波斯已有种植，后传入希腊、意大利、英国和法国。然而，多尔多涅的旧石器时代遗址及伊泽尔省帕拉德吕的考古遗址出土的胡桃均显示，早在人类文明兴起之前，胡桃已经在后来成为重要产区的佩里戈尔（法国旧行省，今多尔多涅省一带，位于法国西南。——译注）和多菲内地区很好地适应了环境。

色彩的源泉

　　胡桃是一种绝佳的染色原料，每一部分都能提供色彩。8 月采摘的叶子经过剁碎煎煮，可以得出"麝香金"的色调。干燥的胡桃树根碾碎后，同样经过煎煮，可以得出从淡褐色到海狸皮毛之间的颜色。但用得最多的其实是青果皮，也就是果核外围那层果肉，因为能提取灰色和棕色而受追捧，它染出的颜色有时很深，甚至有诸如"老人皮"此类的怪称。波斯人用胡桃染羊毛，高卢人也用，老普林尼提到过用青果皮可以染出不同的棕褐色调，从淡褐色到深棕色。胡桃整棵树上下都含有色素，含量最集中当然要数青果皮，其主要的有效染色成分是类黄酮，比如槲皮素、五倍子酸衍生的丹宁，以及染出淡褐色到深棕色的功臣胡桃醌。人们还把青果皮熬制得出的一种浓稠墨汁状的液体也称作青果皮，大概也造成了一定的概念混淆。用胡桃染出的颜色牢靠，1671 年，柯尔贝把它列入了大色染原料的行列。用胡桃染色无需媒染，而且这还不是唯一的优点：胡桃树处处有，不金贵，所以人们都爱用。

实际上，用得最多的是果皮碎片。

植物之间也有残酷的明争暗斗。胡桃有它的撒手锏：胡桃醌。胡桃醌由叶子分泌，随着雨水的冲洗渗入土壤中，无情地扼杀其他植物的萌芽和生长。老普林尼早就指出胡桃树周围有毒性。民间在很早以前就曾发出不要在胡桃树的树荫下休憩的警告。

6 TYPES D'AUVERGNE. — Le Gaulage des Noix. — LL.

LA RÉCOLTE DES NOIX

BISCUITS PERNOT

拿长竹竿打胡桃是我们乡村传统的秋收项目。

青果皮的应用

在十七八世纪，地毯和挂毯行业里常用胡桃的青果皮来染淡褐至深棕的颜色。在哥布林挂毯厂里，青果皮是常备原料。果皮运到厂里时还保持着青色，装进大桶里，灌水至淹没果皮，要静置阴凉处发酵两年或以上才能拿出来用。撒一点明矾在桶面，可以驱害防虫。这一草木染料适用于染羊毛、亚麻和棉制品，很少用于染丝绸。

还是邓布尔内，在做过许多实验之后，他如此描写他得到的实验成果："……一种非常牢固的、泛蓝的黑色。算得上是能用在挂毯上的最漂亮的深色，它不像黑色那么生硬、死气沉沉。"

在木工行业里，胡桃青果皮被用来染木制家具和木地板。注意，不要与褐煤提取物混淆，从褐煤提取而得的染料经常被误认为是胡桃，但实际上它出自德国产的褐煤，价格比真正的胡桃青果皮染料低。

烈比胡桃酒

胡桃青果皮酿制的果酒带有辛辣的香气。取两打青胡桃皮，捣碎，放入粗陶广口瓶中，加入两升白兰地，20 来粒丁香，半粒肉豆蔻磨成粉；加盖浸泡 30 天至 40 天，滤掉青果皮，将液体灌入另外一只干净的陶瓶中，加入半斤糖，静置 8 天至 10 天待糖溶化，滗出灌入酒瓶即可。

Feuilles de Noyer

粗布又重新流行起来，这不禁让人想起高卢人的祖先，那时候他们就已经用胡桃青果皮染色了。

坎佩切木

Haematoxylum campechianum L.- 豆科

原产墨西哥

血木

　　坎佩切木即墨水树，是一种相当高大的乔木，带刺，花金黄色，气味芳香，出产的花蜜质量上乘。树皮发灰，边材为黄色，它的拉丁学名为 *haematoxylum*，意为"血木"，源于它的红色芯材和汁液。它的木质坚硬，密度高，被用来制作优质木炭。树名坎佩切木则取自墨西哥港口城市，17世纪，墨水树正是从坎佩切港出发，作为染料出口国外。

　　西班牙人占领中美洲之后，往欧洲大量运送墨水树，用以替代菘蓝和木蓝这两种重要的染黑的原料，因为16世纪的欧洲流行的就是黑色。这一染料还引发了西班牙人和英国人之间的好几场战争。1581年至1662年，英国人为了保护现有的染料产业，甚至禁止了墨水树的使用，直到他们在尤卡坦（位于中美洲北部，墨西哥湾东南部。——译注）南部建起了种植园，那一片的英属殖民地就是后来的伯利兹，如今伯利兹的国旗上还有两名墨水树伐木工的形象。

坎佩切木大行其道

　　坎佩切木芯材呈深红色，发紫，很是漂亮。接触空气后，尤其是在潮湿的条件下，它会变棕色。墨水树色素含量很高，1810年，舍弗利尔成功地将其分离出了染色成分，1842年，

人们将它命名为 hématoxyline（苏木精）。

苏木精没有颜色，经氧化变成苏木因才有了红色。苏木因与媒染剂铬或铁起反应，得到的是既漂亮又牢固的黑色。这一染色方法将悄悄地取代以栎瘿或菘蓝木蓝打底染黑的方法，当然其中也有经济因素，因为后者更昂贵。不要忘记，黑色在优雅精英和富人阶层中的流行是到了 19 世纪才达到顶峰，在这之前，黑色一直是平民的颜色。墨水树先是被用来染教士、教徒和法学家们的长袍，后来又进入了色当、贝达里约和蒙托邦（均为法国市镇，分别位于东北的阿登省、南部的埃罗省和西南的塔恩-加隆省。——译注）的制呢业，到了 18 世纪，墨水树几乎一统天下，95% 的丝绸、棉、羊毛和皮革的黑色都由它而得。

刨花得粉

墨水树染料一般以粉末的形式出现。有时候用刨花会更好，染汤的沉淀更少，去掉边材的一块块木头经过刨花机的加工，便可得到卷边的刨花。随后，用流动的沸水或蒸汽浸滤，得到的染液经过干燥成结晶，用石磨碾碎，可得粉末。质量高低可根据氧化成苏木因的苏木精含量的百分比来衡量。染剂与不同的媒染剂配合使用，除了染黑之外，还能染得从蓝紫到红之间的颜色。染过黑色之后的老汤，还能用来染灰色，用以做衣物里衬的布料。

欧马桑

Coriara myrtifolia L.- 马桑科

美丽外表，毒蝎心肠

一点植物学

地中海常见的常绿灌木，株高1米至3米不等，直立穗状花序，颇具装饰性，开红色花朵，后结黑色果子。

用欧马桑制作黑色呢绒。

当心有毒！

灌木，植株高1米至3米，叶常绿，无毛，穗状花序，4月至6月为花期，花朵绿中带红，至七八月结出黑色小果，表皮颇有光泽。在法国，欧马桑多见于地中海沿岸的朗格多克-鲁西永大区、阿尔代什、德龙、阿韦龙、洛特和纪龙德等各省。它的俗名redoul来自奥克语的rodundo，意为原地打转。山羊尤其爱吃欧马桑的果子，一旦过量食用则会上头，羊便晕头转向。过食症状和严重酒精中毒一样，可导致痉挛加剧、昏迷甚至死亡。欧马桑整株有毒，不过新芽和果实毒性最强，含生物碱马桑毒素，其效用与士的宁（又称番木鳖碱或马钱子碱，是一种剧毒化学物质。——译注）相似。

加泰罗尼亚鞣革法

欧马桑的皮和茎含有大量的丹宁，所以也被用来鞣制皮革。在出产欧马桑的地区，它取代了栎木染料和昂贵的栎瘿。在朗格多克-鲁西永大区，人们在夏末采集欧马桑，摘除黑果子，因为果子会把皮革弄脏。晒干，捣碎成发灰绿色的粉状颗粒，这一工序最早为人工操作，16世纪起使用石磨碾碎。12世纪末至14世纪中叶，西班牙东北部和法国南部的欧马桑买卖相当红火。在加泰罗尼亚和阿拉贡地区，人们开辟种植园种欧马桑，将之制作成粉状之后，通过加泰罗尼亚

用来鞣制
动物皮革。

的港口运往艾格莫尔特、阿格德或蒙彼利埃附近的其他港口。由于当地的欧马桑产量不足，纳博讷和蒙彼利埃的皮革厂大量从西班牙进口。以欧马桑为原料的鞣革法成为西班牙东部和南法部分地区的特色工艺。到了18世纪，在佩皮尼昂，人们把栎木染料鞣革法称为法式鞣革法，使用欧马桑的则称为加泰罗尼亚鞣革法。

有了叶子就有了一切

　　染黑工艺中多取长成的欧马桑叶子。欧马桑属于大色染和小色染共用的染色剂。然而，不管是大色染还是小色染的染色工匠，都不允许使用老欧马桑，即已经用来染过山羊皮或其他皮革的欧马桑。在很长一段时间里，用欧马桑染黑是被禁止的，因为此法必须配合极具腐蚀性的化学物质如硫酸铁等水合硫酸盐，这些物质会让染织物变硬、变脆。直到19世纪，在法国南部的制呢业中才被允许使用欧马桑，但仅仅适用于低端产品。1846年，杜马 [Jean-Baptiste Dumas（1800—1884），法国化学家、药学家。——译注] 在他的《染色艺术概论》中提到了欧马桑：由于负担不起染料和底料的高昂价格，低端制呢业用欧马桑来染维也纳黑及兔黑。

南欧盐肤木

Rhus coriaria L. - 漆树科

地中海土生土长

地中海树种

落叶灌木，枝叶柔嫩，叶片颇大，互生，叶面亮绿。春夏开星形小花，黄白色，秋结红色核果，气味芳香。这种盐肤木选择了与原产地巴勒斯坦及叙利亚条件相似的南欧干旱多石地带扎下根来。树叶富含丹宁，7月至9月采集，用来鞣革、染色，因此也得名"鞣革漆树"。

用来染色的漆树

这种染料以固态粉末萃取物的形态存在，经常被用在丹宁草木染黑工序中。因为很容易发酵，染汤必须即备即用。

在西班牙的萨拉曼卡地区(西班牙西部省份。——

译注），人们像照料葡萄一样精心照料地里种的盐肤木，因为大买卖还在后头呢！不过公认的最佳盐肤木来自西西里岛。巴勒莫周边种植的西西里漆树，是南欧盐肤木的一个优良品种。可提取鞣料，一种细腻的淡绿中带黄的粉末，气味浓烈，闻过难忘。甚至还有人拿黄连木造假，有好几种黄连木本身也可提取鞣料和染料。一船船的乳香黄连木叶子被运到巴勒莫，神不知鬼不觉地掺入真正的漆树叶中，或者干脆直接用黄连木叶顶替漆树叶。

在中东地区，盐肤木果子用醋渍，可以像刺山柑花蕾一样食用，或者晒干碾磨成粉做香料用。当心，新鲜的果子有毒。

欧洲地区的其他丹宁树

一点植物学

大型落叶乔木，树高可达30米至35米，根系强大，扎得又深又牢。花期六七月，总状花序，雌雄异花同株，雄花成串。果实包裹在带刺的栗蓬中。

栗树

Castanea sativa Mill.- 壳斗科

尖刺密生

个子高，辈分老

栗树是大型乔木，株高 20 米到 35 米不等，它的寿命惊人，树龄可达几个世纪。欧洲栗原产于高加索地区，自然生长地带是整个地中海和里海地区，与葡萄的自然生长带几乎重叠。这种耐阴植物常见于阔叶林中。法国森林总面积中，4% 由栗树贡献。栗树在从科西嘉到比利牛斯山包括塞文山脉和多尔多涅省一带的存在已经超过 850 万年。这一点，在阿尔代什省圣博奇尔的采石场所发现的栗子化石中得到了证实。

一场因丹宁而起的浩劫

在中世纪，热那亚共和国 [（11—18 世纪），位于意大利西北海岸利古里亚地区的独立城邦。——译注] 的统治者强迫科西嘉的居民大规模种植栗树以缓解饥荒。不过栗树的工业价值，尤其是它富含丹宁的特质一直到 19 世纪才得到开发。鞣质提炼厂如雨后春笋般在欧洲出现，这对于鞣革匠来说简直是上天的恩赐，他们正苦于无处寻找鞣革需要的材料。在那一

栗树走了，悄悄地
进入了工业舞台。

时期，动物皮革在日常生活中的应用也日趋广泛，比如用于驾驭牲口的鞍辔，或者工厂机械的传送皮带。新兴的铁路运输也成为丹宁的消费大户，因为它可以用来去除火车头锅炉中的水垢。随之而来的就是一场大的砍伐运动，从19世纪末一直延续到20世纪50年代。在科西嘉，栗树的浩劫从1885年第一个丹宁厂的建立开始。砍伐老树，但没有种新树。1936年，砍伐运动停止时，两万公顷的森林已不复存在。在阿尔代什省，一百万棵栗树倒下：栗木木材所带来的收益比果子高出9倍之多。然而，砍伐运动也从一定程度上控制了农村人口的流失。

·· 万能木 ··

因为富含丹宁，栗木的芯材不怕水，很好保存。人们用它来制作钟楼的隔板、庭院里的木桩和中世纪风的围栏，以及房屋的构架、地板和家具。栗木还有能够驱逐蜘蛛的特点。西班牙人跳舞用的响板也是栗木制成的。

欧洲桤木

Alnus glutinosa Gaertn.- 桦木科

红与黑

黏糊糊

　　欧洲桤木，又叫粘胶桤木，因为芽苞和叶子摸起来都是黏糊糊的。桤木属的属名 Alnus 源自凯尔特语的 al，意为"在水边"。桤木总是和人们对春天的崇拜联系在一起，据传说古凯尔特人有自己的树历，3 月 18 日至 4 月 14 日被定为桤木月。桤木在欧洲和美洲很常见，多生长于潮湿地带。桤木的树皮富含丹宁（9% 的含量），这点早就为人们所知。维京人把它当媒染剂使用，染羊毛时用来固色。拉普人将桤木用在鞣革工艺中，这一点，林奈在 1732 年的一次旅行中就发现了。他们把芯材剁碎，加以唾液搅拌，然后摊涂在皮子上，以此法染得红色的腰带、皮带和马具。美洲东北部的印第安部落如奥吉布瓦人和米克马克人也采用这一方法染红皮具。

　　欧洲人更多地使用它来染黑，配合铁媒染剂，用来染羊毛，或者用来制作墨水。1548 年的威尼斯染业条约里就提到过桤木。某些染色工匠将桤木树皮和铁屑加入至醋里，经过长期浸泡而得醋酸铁，可在羊毛或丝绸上染得深黑，用桤木的球果煎煮的染汤，也能得到很好的效果。

白桦

Betula alba L.- 桦木科

哥萨克之树

俄罗斯皮革

　　"俄罗斯皮革"有一种特殊的气
味，这一气味来自桦木这种常见树种
的树皮蒸馏而得的木焦油。将大量木焦油
涂在马皮、牛皮或山羊皮的里侧，使芳香分
子桦木醇充分附着。"俄罗斯皮革"这一称谓
始于 1814 年俄国士兵占领巴黎的时期。为了防
水，哥萨克士兵给靴子打上桦木油，法国人顺道
也发现了这种油，爱上了它的气味……他们变着
法子将桦木油用在了香水中。瑞典的渔民则
用桦木树皮制作的染剂染红渔网和船帆，使
其变得更加经久耐用。

图中人就是哥萨克骑兵啦。

153

染色配方

◇

Chantal Delphin
Éric Gitton

你已经决定尝试使用植物来染色：太棒了！

不过，在你把厨房变成"地狱的前厅"之前，

为了保证你动手操作的这件事情停留在好玩的范围内，

有几点实用小贴示要给你。

几点建议

安全第一！

　　这本小册子中的某些配方会用到一些产品，如果使用不当或缺乏防范措施的话，会有腐蚀性或变得有毒，总之就是会有危险。最好戴上橡胶手套，时不时为你的实验室通风。严格按照配方所标明的成分和步骤进行材料混合。任意加入其他成分可能会引起化学反应，导致染色失败，产生有毒物质或刺激性飞溅物（尤其是用蓼蓝的时候）。最好使用玻璃、搪瓷或不锈钢容器。镀锌或铝制的容器有时候会带来预料不到的结果，因为它们会改变媒染剂的效果和染得的颜色。最后，不要忘记，染色用料容易在各种物件上留下难以抹去的痕迹。

═══════◇═══════

材料

厨房淘汰的大锅（容量5—10升）两只

木质抹刀一把

厨房电子秤一只

最高刻度至少达80℃的温度计一支

细筛子一个或漏斗加咖啡滤纸

围裙，橡胶手套

pH试纸

═══════◇═══════

成功秘诀

这本小册子里的所有配方都可以用在羊毛和丝绸上。能染棉麻的配方我们会加以注明，不过棉麻染色通常需要操作起来更为复杂的媒染或抛光，本册不做详细说明。最后，听起来似乎理所当然的一点，草木染适用于百分之百的自然纤维。也就是说，如果用在腈纶或其他人造纤维上，我们就不能保证它的效果……

饱和的颜色需要足量的染料。一般来说，准备等量的染料和干燥的待染织物是不会有错的，除非配方中有特别说明。

═══════◇═══════

准备纤维

棉和麻要提前在沸腾的肥皂水中煮一小时，去除表面浆料。接着，无论何种材料，为了让染料能够附着在纤维上，要进行媒染。无需媒染的几种情况会另加说明。最常见的媒染剂是明矾，通常以晶体存在，可溶于水，大概要准备相当于待染干燥织物重量的四至五成的明矾。若是要染黑，得先准备铁媒染汤。5升水，加入200毫升醋，撒入一大把生锈的铁屑，沸煮1小时。静置至少24小时，过滤掉固体，再投入织物。这一汤剂也可用硫酸铁溶剂替代。

总之，若要媒染充分完成，至少要让纤维织物在小火慢炖的媒染汤中浸上1小时，再取出，沥干。

配方操作的难易程度分为：

＊ 非常容易

＊＊ 需要小心

＊＊＊ 难度很大

所有原料都可在网上购得，或者在街头商铺里买到（姜黄或栎瘿在香料店或药店可以买到），或者通过染色草木的协会和博物馆找到。

僧袍

*

丝绸100克
姜黄100克

◇

无需媒染，操作简单，金黄色的丝绸唾手可得。

把姜黄粉末撒入5升水中，煮沸，不停地搅拌使其溶解。

静置冷却至30℃。

投入丝绸，重新煮沸，保持文火1小时，

其间不停地搅拌，以保证颜色均衡。

静置，等待染汤冷却。

取出丝绸，脱水，投入加了醋的水中清洗。

若想使颜色发橙，可往染汤中加入醋。

◇

秋天的
咖啡色羊毛

*

羊毛300克

新鲜或干燥的胡桃树叶300克

═════════◇═════════

又是一个无需媒染的配方，可将毛线染出明亮的褐色。

采摘胡桃叶子的最佳时机是夏末，那时候叶子的丹宁含量最高。

用一只大盆盛3升水，放入胡桃叶子，浸泡5天。

过滤掉固体，把液体倒入染锅中，加入3升水，得到5升染汤。

稍微加热，当染汤变温热时放入羊毛。

煮至沸腾，转文火煮一个半小时。

用漏勺捞出羊毛，沥干。

用大量清水冲洗，然后晾干。

═════════◇═════════

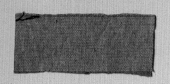

蕨类染出
"鸭屎绿"

*

纤维300克

剁碎的欧洲蕨叶300克

白醋300毫升

═══════ ◇ ═══════

这里使用的是欧洲路边树下十分常见的欧洲蕨。

它能染出15世纪至18世纪非常流行的"鸭屎绿"。

将准备染色的纤维放入加了醋的水中,煮至沸腾,关火。

静置,待其冷却,捞出沥干。

与此同时,把剁碎的欧洲蕨叶加入3升水中煎煮。

染汤成漂亮的深绿色,过滤掉杂质。

加入250毫升白醋。

放入沥干的纤维,重新煮沸,大火煮1小时。

静置,待其冷却,给纤维做脱水处理。

在干燥的过程中,纤维刚离开染汤时呈现的绿色会渐变为"鸭屎绿"。

═══════ ◇ ═══════

茜草红

＊＊

羊毛500克

茜草根粉末300克

明矾250克

━━━◇━━━

　　茜草在羊毛上染出的红尤为漂亮，它在丝绸上呈现的更明亮、清淡一些。用它染棉料时，第一染得的是陶土色；若要在棉上获得鲜红，需要进行媒染、染色，再把多少有些不干净的东西抛光，这又是另外一门学问了。

　　用10升温水将明矾溶解，放入羊毛。煮沸，文火煮1小时。捞出羊毛，沥干。在另一只容器里倒入茜草根粉，加10升水，小火加热，缓慢将温度升高至40℃。不停地搅拌，促使粉末溶解。放入毛线或已成型的羊毛织物，继续加热至70℃—80℃，保持同一温度，再煮45分钟，其间仍需不停地搅拌，使颜色均匀。温度切勿超过80℃，否则颜色会发褐色。取出羊毛，轻轻地拧干，再用大量清水清洗。此时千万不要加肥皂洗，不要听信某些配方：碱性的环境会使色调产生砖红色。静置干燥，等待颜色充分附着。

━━━◇━━━

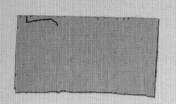

蓝纹T恤

* *

棉100克（或一件T恤）

血木木屑60克

明矾100克

波尔多液100克

──────◇──────

以血木配合不同的媒染剂使用，可以染得许多不同颜色。

用铜媒染可得蓝，如果按此配方用波尔多液做媒染的话，

可以在T恤上染得好看的大理石纹。

用沙拉碗之类的容器盛血木木屑，加入1升开水，静置半天，过滤，去除固体物质，得到暗红色液体。过滤出来的木屑不要丢弃，可以二次使用，染织物减半即可。将明矾溶解在3升水中，加入染织物进行媒染，小火煮1小时。

用3升清水勾兑波尔多液，加热，将T恤里面外翻，放入染汤中，煮十来分钟，然后取出沥干。把上一步获得的暗红色液体倒入大容器中，加水至体积达5升。加热，将T恤投浸其中；颜色将往蓝紫色转变。将染汤煮沸，文火煮1小时。捞出T恤，用大量清水冲洗。如果用加了醋的水投洗的话，颜色会发灰蓝，这种颜色在羊毛上的效果尤其好看。

──────◇──────

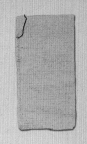

合欢金

** **

羊毛300克

碾碎的干黄木樨草600克

明矾200克

———— ◇ ————

用黄木樨草可以在羊毛上染得抢眼的亮黄，从柠檬黄到合欢金。

请注意不要让织物在染汤里停留过久，也不要让染汤过热。

将黄木樨草投入10升水中，煮沸，转小火煮1小时。关火，静置待其冷却、沉淀，过滤溶液，倒入染锅中。用10升温水溶解明矾，放入羊毛。加热至煮沸，保持1小时。取出羊毛，沥干，再将其投入冷却至30℃的黄木樨草溶液中，使之缓慢地升温至90℃，保持同一温度至多半小时，不停地搅拌，忌煮沸。时不时捞出羊毛观察颜色，理想时便可取出。轻轻地拧干，再用大量水冲洗。若染汤温度过高或织物停留时间过长，染锅底部将出现发绿的沉淀物。若任由织物在沸腾的染汤中长时间煎煮，会染出芥末黄或麦秆黄。

———— ◇ ————

靛蓝衣裙

* * *

棉或其他纺织品400克

靛蓝粉末25克

亚硫酸氢钠25克

氢氧化钠粉末50克

PH试纸

带盖的容器两只：略小的一只做母缸，大的做染缸

═══════════ ◇ ═══════════

靛蓝染色过程出现神奇一刻：织物从染汤取出时还是黄绿色，
一旦接触空气便马上呈现蓝色。此配方相较菘蓝或蓼蓝染色更易于操作，
因为后两者还需经过发酵才能使染色成分溶解。

═══════════ ◇ ═══════════

将炉子温度调到55℃，在此温度下操作准备步骤。在小容器（母缸）里加入一点温水，将靛蓝粉末调和成泥。取一只玻璃缸，加半升水，溶解氢氧化钠，撒上亚硫酸氢钠，盖上盖子，静置10分钟。将此溶液倒入有靛蓝泥的母缸中，小心搅拌。用pH试纸测试酸碱度，保证数值高于8，若低于8，需追加氢氧化钠。盖上盖子，将容器置于炉子上1小时至2小时，保持温度，等待靛蓝浓缩。由此所得深绿色液体，半透明，泛黄色光泽。往大容器（染缸）中倒入6升至7升55℃的热水。将母缸中的液体缓缓地倒入染缸，根据想得到蓝色的深浅，倒入全部或一部分，注意不要产生气泡使空气进入染汤中。撒上亚硫酸氢钠，确认pH值一直保持在8左右，若低于8，继续追加氢氧化钠，若太偏碱性（pH值大于9）则加入热水。染汤应当呈现透明的黄绿色，表面泛虹彩（有泡沫）。将待染的织物里面外翻，浸入染缸中，轻轻地搅动，使颜色附着在纤维上。当心不要弄出泡泡，使得染汤氧化。取出织物，稍微拧干，摊开。从离开染汤那一刻起，氧气就开始起作用，蓝色会先在表面出现，然后，随着织物越来越干燥，纤维中心也会变蓝。用略带酸性的水清洗织物以便中和遗留的碱性物质。保留染汤，染黑时做打底之用。

紫色与丁香色

*

羊毛、丝绸或棉100克

血木木屑60克

明矾100克

━━━━◇━━━━

这是一个难度系数低的血木染色配方，颜色不如靛蓝和茜草混合染得紫色来得牢固，但操作起来实在方便许多。用以染羊毛，可以得到深紫色，染丝绸，其色则会略明亮一点，染棉麻就直接得到丁香色了。

用沙拉碗之类的容器盛血木木屑，加入1升开水，静置半天，过滤，去除固体物质，得到暗红色液体。过滤出来的木屑不要丢弃，可以二次使用，染织物减半即可。将明矾溶解在3升水中，加入染织物进行媒染，小火煮1小时。把暗红色液体倒入大容器中，加水至体积达5升。加热，将染织物浸入其中；颜色将往蓝紫色转变。将染汤煮沸，文火煮半小时。捞出染织物，用清水冲洗，然后晾干。

━━━━◇━━━━

黑色

***

已经用靛蓝打了底色的织物200克

碾碎的栎瘿20克

硫酸铁10克或事先准备好的醋酸铁溶液

塔塔粉10克

══════◇══════

　　要获得纯正的深黑色，不是一件容易的事。利用之前的靛蓝染汤为
染织物打底色，然后再配合媒染剂铁，用栎瘿来染色。

　　将栎瘿碎末和塔塔粉倒入5升水中，煮至沸腾，不停地搅拌，最大限度
地使栎瘿溶解。小火煮半小时。与此同时，将染织物投入醋酸铁溶液中媒
染，也可把硫酸铁加入5升水中制成媒染剂。煮沸，关火，待其冷却，捞出染
织物，沥干水分。过滤栎瘿染汤，去除固体物质。放入媒染好的染织物，快
速不停地搅拌，使颜色均匀，重新加热，沸腾后改小火煮半小时。捞出染织
物，用清水小心冲洗。

══════◇══════

作者简介

　　尚黛尔·德尔芬于 1961 年出生在伊泽尔省的布尔观雅留。三十年来，她怀着不变的热情和人性关怀从事接生工作。二十多年前，她开始关注历史，为的是更好地理解当下。同样地，出于了解周遭环境的目的，她开始留意起她的花园、家乡的森林及旅途中所发现的植物。

　　埃里克·吉东于 1960 年出生在下诺曼底省的卡昂，并在那里度过了童年。他从小对技术、机械、化学和电学充满兴趣，喜欢自己捣鼓实验，也热爱艺术和绘画，甚至梦想过考取美术学院。对于手工和实验的偏爱，最终让他成长为一名工艺技术工程师 —— 一个光听名字就囊括了他所爱好的职业。他现居罗纳-阿尔卑斯大区，从事工业行业。结识尚黛尔·德尔芬之后，他们对人种学、植物学、自然和科学的共同爱好，促成了这首部合著作品的诞生。

图书在版编目 (CIP) 数据

染色植物 /（法）尚黛尔·德尔芬，（法）埃里克·吉东著；
林苑译 . -- 北京：生活·读书·新知三联书店，2018.9
（植物文化史）
ISBN 978-7-108-06091-4

Ⅰ . ①染… Ⅱ . ①尚… ②埃… ③林… Ⅲ . ①植物 – 普及
读物 Ⅳ . ① Q94-49

中国版本图书馆 CIP 数据核字 (2017) 第 206331 号

策划编辑　张艳华
特邀编辑　李　欣
责任编辑　徐国强
装帧设计　张　红
责任校对　曹忠苓
责任印制　徐　方
出版发行　生活·讀書·新知 三联书店
　　　　　（北京市东城区美术馆东街22号）
邮　　编　100010
经　　销　新华书店
图　　字　01-2017-5919
网　　址　www.sdxjpc.com
排版制作　北京红方众文科技咨询有限责任公司
印　　刷　北京图文天地制版印刷有限公司
版　　次　2018年9月北京第 1 版
　　　　　2018年9月北京第 1 次印刷
开　　本　720毫米×1000毫米 1/16　印张 11
字　　数　100千字　图255幅
印　　数　0,001-8,000册
定　　价　68.00元

（印装查询：010-64002715；邮购查询：010-84010542）